JN045248

NHKは誰のものか

長井暁

地平社

目次

はじめに

「まったく将来にわたってそれがありえないとは断言できない」

二〇一六年二月八日、ＮＨＫと民放テレビ各局に衝撃を与えた答弁が国会でなされた。

衆院予算委員会で、高市早苗総務大臣が、政治的公平を欠く放送が繰り返された場合に、放送法第四条違反として、電波法第七六条に基づく電波停止を命じる可能性について質問され、このように答弁したのである。安倍晋三政権によるテレビ各局への介入が取りざたされていた頃である。

電波停止を命じる可能性を示唆したこの発言に、テレビ関係者は震撼した。局にとって「電波停止」は即、経営的な死を意味するからだ。

放送法の第四条は、「政治的に公平であること」など四項目の番組放送準則を定めている。また、電波法の第七六条は、放送法などに違反した場合は、「無線局の運用の停止」を命じることができることを定めていた。この二つの法律を組み合わせれば、テレビ局に「電波停止」を命じることができるというのである。

さらに四日後の二月一二日、総務省は、これまで「政治的公平は放送局の番組全体を見て判断する」としていた解釈を変更し、「極端な場合は、その一つの番組だけで政治的公平を判断できる」とする政府統一見解「政治的公平の解釈について」を公表した。

高市総務大臣の「電波停止発言」には、多くのジャーナリストや研究者、メディア関係者から「政府による言論弾圧」との批判の声があがった。二月二九日には田原総一朗氏や岸井成格（しげただ）氏、青木理氏など七人のジャーナリストが千代田区のプレスセンターで記者会見を開き、「このままではジャーナリズムが根腐れしかねない」「メディア、ジャーナリズムの内側に自主規制や萎縮が蔓延している」「政治的公平性は権力が判断することではない。政府・権力の言うことを流せば、本当に公平性を欠き、知る権利を阻害する」「国民の負託を受けて権力をチェックするはずのメディアが、逆に政権によってチェックされている」などと危機感を口にした。

この危機感はまもなく現実のものとなった。

翌年（二〇一七年）三月、政府に批判的な姿勢を貫いていた報道番組のキャスターやプロデューサーたちが次々と番組から外された。NHK「クローズアップ現代」の国谷裕子キャスター、TBS「NEWS23」の岸井成格アンカー、テレビ朝日「報道ステーション」の古舘伊知郎キャスターが降板した。

こうした状況に、四月に来日した、国連人権委員会で「表現の自由」を担当する特別報告者であるデービッド・ケイ氏は、「日本の報道機関の独立性が深刻な脅威に晒されていることを憂慮する」と表明した。

この出来事以降、NHKは政権に忖度する報道を繰り返すようになり、民放各局の報道番組からも政権に批判的な報道はすっかり影を潜めた。その影響は今日もなお続いている。

報道機関であるテレビ局には権力を監視する「番犬」としての役割が期待されているが、現在のテレビ局は権力とともに歩む「愛玩犬」になってしまった感さえある。

それから六年が経過した二〇二三年三月二日、小西洋之（ひろゆき）参議院議員が総務省の内部文書を公表し、世間を驚かせた。

『「政治的公平」に関する放送法の解釈について』と題されたその文書には、二〇一四年一一月から二〇一五年五月までの間に、礒崎（いそざき）陽輔首相補佐官と総務省との間で繰り返された「政治的公平」の解釈をめぐるやり取りが詳細に記録されていた。

ことは、二〇一四年一一月二六日に、TBSの「サンデーモーニング」が偏っているとの問題意識を持つ礒崎補佐官が総務省放送政策課に、「政治的公平」の解釈や運用、違反事例を説明してほしいと電話したことから始まった。「政治的公平」の解釈について、「一番組を全体で見るときの基準が不明確ではないか」「一つの番組でも明らかにおかしい場合があるのではないか」という問題意識を持つ礒崎補佐官に対し、「安倍総理に説明し国会で質問する」ことを前提とした総務省から補佐官への説明（レク）が繰り返された。

二月一三日にこの礒崎補佐官とのやり取りについてレクを受けた高市総務大臣は、「そもそもテレビ朝日に公平な番組なんてある？　どの番組も『極端』な印象」「『一つの番組の極端な場合』の部分について、この答弁は苦しいのではないか？」「苦しくない答弁の形にするか、それとも民放相手に徹底抗戦するか。TBSとテレビ朝日よね」「官邸には『総務大臣は準備をしておきます』と伝えてください」「総理も思いがあるでしょうから、ゴーサインが出るのではないかと思う」などと発言している。

二月一七日に高市総務大臣レクについて説明を受けた礒崎補佐官は、総務省の情報流通行政局長が「(大臣が) 放送事業者に対して『効き過ぎる可能性』をお考えになられたのかとも受け止めるところ」と述べると、「そりゃ効くだろう」と応えている。翌一八日、礒崎補佐官とのやり取りについて情報流通行政局長らからレクを受けた総務省出身の山田真貴子首相秘書官は、「放送法の根幹にかかわる話ではないか」「(放送) 法改正となる話ではないか」「今回の話は変なヤクザに絡まれたって話ではないか」「安保法制の議論をする前に民放にジャブを入れる趣旨なんだろうが、視野の狭い話」「どこのメディアも萎縮するだろう。言論弾圧ではないか」「(総務省も) 本気でこの案件を総理に入れるつもりなのか。総務省も恥をかくことになるのではないか」などと話した。

こうした流れを受けて、二月二四日に礒崎補佐官への説明で情報流通行政局長が、「総理にお話しされる前に官房長官にお話し頂くことも考えられると思いますが」と発言すると礒崎補佐官が激怒し、「何を言っているか分かっているのか。これは高度に政治的な話」「局長ごときが言う話では無い」「この件は俺と総理が二人で決める話」「俺の顔をつぶすようなことになれば、ただじゃあ済まないぞ。首が飛ぶぞ」と恫喝するような発言をしている。

そして、三月五日にこの問題についての安倍総理へのレクが行なわれた。山田秘書官が電話で情報流通行政局長に伝えたところによれば、山田秘書官が「メディアとの関係で官邸のプラスになる話ではない」と説明したが、安倍総理は「意外と前向きな反応」で、「政治的公平という観点からみて、現在の放送番組にはおかしいものがあり、こうした現状は正すべき」「『放送番組全体で見る』とするこれまでの解釈は了解（一応OKと）するが、極端な例をダメだと言うのは良いのではないか」などと発言したという。

三月六日に安倍総理レクの結果の説明を受けた高市総務大臣の第一声は、「本当にやるの？」であったという。さらに「これから安保法制とかやるのに大丈夫か」「民放と全面戦争になるのではないか」「一度総理に直接話をしたい」などと話したという。

その後、高市総務大臣が安倍総理に電話をした。その結果が三月八日に総務大臣室の審議官から、情報流通行政局長に伝えられている。それによれば、安倍総理からは「今までの放送法の解釈がおかしい」旨の発言があり、さらに国会答弁の時期については「一連のものが終わってから」との発言があったという。

三月一三日には山田秘書官からも情報流通行政局長に電話で、「総理は『軽く総務委員会で答弁しておいた方が良いのではないか』という反応だった」との連絡があった。

こうした一連のやり取りを経て、三月二四日には礒崎補佐官から「政治的公平に関する国会での補充的説明について」の「質問」が総務省に送られてきて、総務省が答弁を用意することになる。

そして実際に、五月一二日に参議院総務委員会で自由民主党の藤川政人（まさひと）参議院議員が礒崎補佐官のシナリオ通りに高市総務大臣に質問した。

藤川委員　例えば選挙直前に特定の候補予定者のみを密着取材して選挙公示の直前に長時間特

別番組で放送する場合があります。こうした場合は、たとえ一番組だけであっても政治的公平に反すると言えるのではないかと考えますが、総務大臣はどのようにお考えですか？

高市総務大臣　政府のこれまでの解釈の補充的な説明として申し上げますが、ひとつの番組のみでも国論を二分するような政治課題について、放送事業者が一方の政治的見解を取り上げず、殊更に他の政治的見解のみを取り上げて、それを支持する内容を相当な時間にわたり繰り返す番組を放送した場合のように当該放送事業者の番組編集が不偏不党の立場から明らかに逸脱していると認められる場合といった極端な場合においては、一般論として政治的に公平であることを確保しているとは認められないものと考えます。

この答弁の直後、礒崎補佐官は勝ち誇ったように「放送法の政治的公平性について、今日の参議院総務委で、高市総務大臣は、従来の解釈の補充的説明としつつ、国論を二分するような課題に関し、一の番組でも、一方の主張を全く採り上げず、他方の主張のみを支持する内容を繰り返して放送した場合は、それに反する場合があると明確に答弁しました」とツイートした。放送行政の担当ではない一人の総理補佐官による、こうした恫喝を交えた総務省との駆け引きは、安倍総理の同意を得て、総務省に「放送法の『政治的公平』についての解釈」の変更を強いる結果をもたらした。そしてそれが、冒頭に紹介した翌年二月の「電波停止発言」へとつながっていく。

この総務省の内部文書を二〇二三年三月二日に公表した後、小西参議院議員は岸田文雄政権と総務省を厳しく追及し、二〇一六年二月一二日に総務省が公表した「極端な場合は、その一つの番組だけで政治的公平を判断できる」とした政府統一見解を撤回させようと奔走する。

そして三月一七日、参議院の外交防衛委員会において、この政府統一見解を全面的に撤回させることに成功した。

ところが、この事実をテレビ各局はどこもまったく伝えなかった。

NHKと民放各局は、小西議員が入手した文書は捏造だとする高市大臣の「捏造発言」と、それにともなう「進退問題」の報道に終始し、自分たちの放送に直接関わる放送法解釈の撤回という重要な事実を伝えなかったのである。

テレビ局の劣化はここに極まったと言えるだろう。

こうした日本のテレビの惨憺たる現状を生み出した最大の原因は、安倍晋三を中心とする政治勢力との抗争に、テレビが敗北してしまった点にあるだろう。

安倍を中心とする政治勢力は、一貫してメディアをコントロールすることに非常に熱心であり、その手法はアメとムチを使い分ける巧みなものであった。そして、ときには礒崎補佐官が総務省に対して行なったように、メディアに対しても恫喝を交えて圧力をかけることを厭わなかった。

そうした安倍らの姿勢が初めて明らかになったのが、安倍晋三と中川昭一らを中心とする政治勢力から受けた圧力によって、二〇〇一年一月三〇日放送のNHK番組、ETV2001「シリーズ戦争をどう裁くか　第二回　問われる戦時暴力」が無惨に改ざんさせられた出来事だった。

私は、私自身が体験したその事実を、二〇〇五年一月に記者会見をして伝えた。

しかし、ＮＨＫは政治家を守ることに奔走し、政治圧力から放送現場をどう守るか、政治との距離をどう保つか、そうしたＮＨＫにとって極めて重要な課題に、真剣に取り組もうとはしなかった。

その結果、安倍を中心とする政治勢力が政権を握ると、ＮＨＫは経営委員会や会長の人事を完全に掌握され、安倍に近い政治信条を持つ財界人が次々に経営委員長や会長として送り込まれてくることとなった。

いま、ＮＨＫは、もはや公共放送として立ち行かなくなるのではないかと危ぶまれるほど、悲惨な状況に追い込まれてしまっている。私が体験した二〇〇一年の番組改変事件から最近までのＮＨＫの内実を記し、公共放送再生への道を模索したい。

第1章——ETV2001番組改変事件

二〇世紀最後の年である二〇〇〇年、私は番組制作局教養番組部・ETV特集班のデスクと、NHKスペシャルの大型シリーズ「四大文明」のデスクを兼務し、多忙を極めていた。「ETV2000」という番組名で放送されていたETV特集（四四分）を、月曜から木曜まで週四本、月に一六本ほど放送し、さらに単発のNHKスペシャル（「難民と歩んだ一〇年　緒方貞子・国連難民高等弁務官」など）も制作していた。

二〇〇〇年に入るとETV特集班では、二一世紀を迎えるにあたって、戦争と紛争に明け暮れた激動の二〇世紀を振り返り、どうすれば人類が平和で豊かな未来を築いていけるのかを考える番組を制作しようと、議論が繰り返された。そうした中で、シリーズ「太平洋戦争と日本人」などの企画が次々と決まっていった。

女性国際戦犯法廷をめぐる企画

私が永田浩三チーフ・プロデューサー（以下、CP）から、「女性国際戦犯法廷」を取材した番組の企画がNHKエンタープライズ21（以下、NEP）から持ち込まれていることを聞いたのは、二〇〇〇年九月下旬のことだった。

NEPはNHKの関連会社の一つで、外部プロダクションに直接番組制作を発注することができないNHKから委託を受け、外部に番組制作を再委託する役割を担っている。ETV特集の多くはNHK本体のディレクターが制作していたが、一部にNEPなどの関連会社に委託したり、さらにそこから外部プロダクションに再委託したりして制作される番組もあった。

九月下旬、永田さんから「NEPの林さんとドキュメンタリー・ジャパン（以下、DJ）の担当者が、第二次大戦の戦時性暴力を裁いた『女性国際戦犯法廷』に関する提案を説明しに来るので、長井くんも一緒に聞いて」と言われた。当時、永田さんの下には数人のデスクがいたが、私がディレクター時代にNHKスペシャル「張学良がいま語る」「周恩来の選択」「毛沢東とその時代」など、東アジア現代史に関する番組を多く手がけてきたことから、私を指名したのだと思う。

NEPの林勝彦エグゼクティブ・プロデューサー（以下、EP）と、DJの坂上香ディレクターからの説明を聞いた。林さんはNHKスペシャルの大型シリーズ「人体」のプロデューサーとして、NHK内では伝説的な人物だった。私は「サイエンスのスペシャリストの林さんが、なんで『女性国際戦犯法廷』の提案を持ってくるのだろう」と、少し不思議に思った。

九月二五日、教養番組部の打ち合わせテーブルで、林さんと坂上ディレクター、永田・長井の話し合いが行なわれた。私はこの時、NHKスペシャル「四大文明」プロジェクトで、テレビマンユニオンのスタッフと一緒に仕事をしていたが、外部のプロダクションと仕事をするのはそれが初めてで、NHK内部のディレクターに対するのと同じように接していいものかどうか、戸惑いながら手探りで仕事をしていた。

坂上さんが書いた二本シリーズの提案票を見て永田さんは、「提案にはドキュメントとあるが、スタジオをベースとした番組にしてほしい」「国際法の専門家がどのように法廷を形成していくのか、半世紀前の出来事を裁くことの難しさ、この法廷の歴史的な位置づけをきちんと押さえてほしい」などと述べた。

私はこの法廷が日本政府だけでなく、昭和天皇や当時の軍や政府の指導者などの故人を被告人としていることに違和感を覚え、「死者を裁くことができるのか、被告人は他界していても家族は存命しているだろうから、そうした人々にも配慮する必要があるのでは」などの意見を述べた。

話し合いの内容を反映する形で坂上さんが提案票を書き直すことになり、翌九月二六日に修正された提案票が届けられた。「半世紀後に戦時性暴力を問うことの意味を考察する」などの修正がなされていたが、全体的には「女性国際戦犯法廷」をつぶさに追うことが番組の軸に据えられており、「戦争を裁くことの難しさ」「歴史的な位置づけ」などを掘り下げる取材の重要性がきちんと伝わったのかどうか、不安を感じた。

私はこの提案を吉岡民夫部長がＯＫしないだろうと思っていた。「こうした難しいテーマの番組を外部のプロダクションに再委託することは避けたほうがよい」と判断するだろうと考えたからである。

意外にも採択された提案

ところが数日後、永田さんから「林さんからの提案、吉岡さんからＯＫをもらったよ」と伝えられた。私はいささか驚いた。なぜ吉岡部長はＯＫしたのか。私は、この時の吉岡さんと永田さんの人間関係に起因していたと思う。吉岡さんと永田さんは長年にわたって苦楽を共にしてきた。吉岡さんにとって永田さんはもっとも優秀で、忠実な部下だった。ところがこの時、吉岡さんの強圧的な姿勢への永田さんの我慢が限界に達しつつあったのか、吉岡さんへの態度が少し刺々しくなっていた。吉岡さんには、実はデリケートな部分があり、永田さんのこうした態度の変化を敏感に感じ取っていた。「この提案を落としたら、永田が離れていってしまうのではないか」と吉岡さんは慮り、OKを出したように私は思う。

一〇月下旬になると永田さんから、「ヨーロッパ総局から、ナチス・ドイツに協力したフランスのビシー政権の関係者や、アルジェリア独立運動を弾圧した軍人を裁こうという動きと、南アフリカのアパルトヘイト時代に行なわれた犯罪の真相を究明し和解を目指そうとする動きを取り上げる番組の提案が来ている。それと先日のNEPの提案を組み合わせて、二〇世紀に起こった悲劇を『人道に対する罪』をキーワードに検証する四回のシリーズにしたい」との話があった。

そこで私が、ヨーロッパ総局からの提案とNEPからの提案をリライトし、四回シリーズ「戦争をどう裁くか」の提案にまとめた。私は提案をまとめながら、「この四本の番組は画期的なシリーズになるかもしれない」と感じた。

そして、一一月一六日、教養番組部のCP、デスク、二〇人ほどが参加して開かれる提案会議に提出し、私が提案説明を行なった。私が説明の力点を置いたのは、「現在の世界の動きと、歴史的な経緯を踏まえながら、『人道に対する罪』をキーワードに、人類和解への道を探るシリーズとする」ということだった。

会議では吉岡部長から、シリーズ第二回の「問われる日本軍の戦時性暴力」について、「法廷とは適切な距離を保つように」との注文がついたうえで、提案は採択された。

動き出した企画

提案の採択を受けて、一一月一六日の夜七時、NHK本館の一二三五会議室に、番組への出演を依頼した東京大学の高橋哲哉助教授、NHKからは桜井均EP、草川康之CP、石井裕一郎ディレクター（シリーズの第一回と第四回を担当）、永田さんと私が顔を揃えた。NEPの林さん、DJからは広瀬涼二プロデューサー、坂上香さん（第三回を担当）、第二回の担当ディレクターに集まってもらい、採択された提案のねらい、編集方針、各回の位置づけなどを説明した。

その後、高橋助教授から「人道に対する罪」という概念に関する歴史的経緯や国際的潮流などについて詳しいレクチャーを受けた。第二回について高橋助教授から、「法廷の記録性を大切にしてほしい」との発言があったが、永田さんは、「記録も大事だが、法廷の歴史的意味や世界的な潮流をきちんと伝える番組にしてほしい」と述べ、高橋助教授もそれには同意した。

DJの広瀬さんからは、「女性国際戦犯法廷が天皇の戦争責任を認定した場合、それに触れることに問題はないか」と問われた。私は「これまでもNHKの数々の番組で天皇の戦争責任について取り上げてきており、まったく問題ない」と答えた。四本シリーズの方針の確認には本来四時間は必要であっただろうが、永田さんと私はその日の夜九時に片島紀男チーフ・ディレクターのETV2000「徳田球一とその時代」（前後編）の編集試写の予定が入っており、二時間ほどで会議室をあとにせざるをえなかった。

一二月八日から一二日まで「女性国際戦犯法廷」が開催され、DJのロケクルーが取材・撮影を行なった。

一方、この頃の永田さんと私は、ETV2000「シリーズ太平洋戦争と日本人　第一回　一銭五厘たちの横丁　庶民にとっての戦争」の編集・コメント直し・ダビング（コメント入れ）の作業に追われ、「国際女性戦犯法廷」の会場に出向くことができなかった。

一二月二〇日にNHK教養番組部の会議室で、シリーズ第二回の構成検討とスタジオ収録の打ち合わせを行なった。DJの担当ディレクターが書いた構成案は、番組の冒頭が右翼の街宣車の映像で始まり、番組内容は「法廷」の記録に終始し、番組の最後のVTRも右翼の映像で終わるというもので、編集の基本方針としたはずの「歴史的経緯や国際的潮流の中で位置づける」ことに関してはスタジオ出演者がコメントとして触れるだけとなっていた。歴史的な経緯を説明するための映像資料として事前に渡してあった、NHKが所蔵する「ラッセル法廷」や「旧ユーゴ戦犯法廷」を記録した映像資料も入っていなかった。永田さんはDJの広瀬さんと担当ディレクターに対し、年表のパターンと「ラッセル法廷」「旧ユーゴ戦犯法廷」の映像資料を使って、歴史的な経緯を必ず説明するよう求めた。

スタジオ収録を前日に控えた一二月二六日、教養番組部の会議室で、昼食をはさんでスタジオ収録の打ち合わせを行ない、DJのスタッフが編集したVTRの試写をした。出席者は出演する高橋助教授、カリフォルニア大学の米山リサ准教授、町永俊雄チーフ・アナウンサーと、NHK、NEP、DJのスタッフだった。この日、VTRを試写したのは、スタジオに出演する高橋助教授と米山准教授に、「法廷」の様子、挿入されるVTRのイメージを理解しておいてもらうためだった。ＶＴＲの内容は後日、編集で直すつもりでいた。

翌一二月二七日、青葉台にあるシステム・スタジオ・ネロでスタジオ部分の収録を無事終了した。私にとっては二〇世紀最後のスタジオ収録だった。田園都市線の青葉台駅についた時に永田さんが、「ビールを一杯飲んでいかない？」と言い出し、町永アナウンサーと私が賛成して駅前の居酒屋に入った。三人で乾杯して、「このシリーズは二一世紀の初めに放送するにふさわしい、いい番組になる」と話し合った。

年が明けた二〇〇一年一月一三日と一七日、ＤＪで試写を行ない、編集で修正する点について話し合った。この時、東京には週末ごとに大雪が降り交通が麻痺。永田さんと私とで、ドロドロの雪道を難儀しながらＤＪの編集室に通ったことを覚えている。ＤＪの担当ディレクターとスタッフたちは、何日も徹夜をして編集作業を進めてくれた。一番の課題は、限られた素材の中で、どうすれば「女性国際戦犯法廷という取り組みを、歴史的経緯や国際的潮流の中で位置づける」という基本方針を実現できるか、ということだった。

吉岡部長の叱責

一月一九日、吉岡部長による試写をＤＪで行なうことになった。永田さんと私は何とか部長試写を無事クリアしようと、ＤＪの担当ディレクターが編集した映像に即して、試写の直前までコメントを必死に書いた。試写にはＮＥＰの島崎素彦部長も出席した。

試写後、吉岡部長は永田さんと私を睨みながら、低い声で「お前ら何回見たんだ」と言った。

永田さんが、「三回です」と答えると、「チーフ・プロデューサーが三回も見てオーケーって言うんなら、ノーとは言えねえなあ」と呆れたような口調で言った。そして少し間を置いて語気を強めて、「提案の内容とまったく違う。法廷との距離が近すぎる。このままではアウトだ。お前らにはめられた」などと厳しく叱責しはじめた。

この様子にDJのスタッフはびっくりした様子だった。しかし、吉岡部長は常に編集室で激しい言葉を使って担当者に危機感を持たせ、奮起を促すという手法をとる人で、私は何度も経験していたので、この時も「また始まった」としか思わず、それほど驚かなかった。ただ、吉岡さんが「法廷との距離」を異様に気にしていることはよくわかった。一二月一二日の夜七時のニュースで「女性国際戦犯法廷」を取り上げただけで、NHKには右翼団体などからの抗議の電話や抗議文が多数寄せられていたことは、永田さんから伝えられていた。また、一二月一八日には街宣車を使った右翼団体によるNHKへの抗議行動もあった。

吉岡部長とNEPの島崎部長が退室した後、皆で修正点について話し合った。

この検討で確認された修正点は以下の通りだった。

①　「女性国際戦犯法廷」が民間の取り組みであり、被告側に弁護士がついていないなどの不備があることを説明する。

②　歴史的な経緯の映像資料を追加する。

③　「天皇有罪」の判決の瞬間の映像は使わず、判決についてはナレーションで説明する。

④　海外の報道機関の反響も伝える。
⑤　「女性国際戦犯法廷」の共同主催者である松井やより代表のインタビューを外し、ナレーションで説明する。

こうした方針にもとづいて、担当ディレクターとスタッフたちは再び不眠不休で編集作業を続けてくれた。

一月二四日の夜、吉岡部長による二回目の試写が行なわれることになり、永田さんと私はＤＪのスタッフたちと必死に編集作業を進め、コメントを書き、試写に備えた。

夜八時三〇分ごろから、吉岡部長の二回目の試写がＤＪで行なわれた。この日の試写にはＮＥＰの島崎部長に加え、教養番組部の原田隆司担当部長も参加した。

試写が終わると吉岡さんは、「法廷との距離感が前回とまったく変わっていない。近すぎる」、「このまま出せば、みなさんとはお別れだ。二度と仕事はしない」などと述べた。そして永田さんと私のほうに向かって、「お前らともだ」と激しい口調で言い放った。

驚いたＮＥＰの島崎部長がすかさず、「放送中止もあり得るのか」と問いただした。吉岡部長は、「それはない」と答えた。

私には、「女性国際戦犯法廷」を進行どおりに収録した記録的な映像以外に主たる素材がない状況で、吉岡さんが求めている「法廷との距離感」を出すことはとても難しく、それを実現するにはスタジオ収録をやり直す以外に方法がないと思われた。

ドキュメンタリー・ジャパンの離脱

私はこの時、「何とかこの番組を守りたい。どんなことをしてでも放送までもっていきたい」と考えていた。こう思考してしまうのは、ディレクター経験者の性(さが)なのだと思う。そこで私は、「アメリカ在住で、再び来日することができない米山リサ准教授の了解を得ることを前提に、スタジオの追加収録をやってはどうですか」と提案した。吉岡さんもそれしか方法はないと考えたようで、「その方向で検討してほしい」と述べた。

その後、夜一二時過ぎまで修正について議論し、以下の点を確認した。

① 「人道に対する罪」について歴史的経緯を説明するVTRを加える。

② 米山准教授の了解を得ることを前提に、高橋助教授と町永アナによるスタジオの追加収録を行なう。また、米山准教授の発言の分かりにくい部分はカットする。

③ 「女性国際戦犯法廷」の記録的な映像部分を減らす。

DJの広瀬さんは、「DJのスタッフは精一杯やりました。もう、体力の限界です。これ以上の作業は我々にはできません。あとはNHKでお願いしたい」と述べ、話し合いの結果、私が映像素材を引き取り、NHKで作業することになった。永田さんと私はDJのスタッフたちを守ることができなかった。吉岡部長の試写をクリアしたい一心で、広瀬さんが離脱を表明しなければばならないほどに、ＤＪの人たちを追い詰めてしまったのだ。

いま思うと、外部のプロダクションと仕事をした経験がほとんどなかった私は、ＮＨＫ・ＮＨＫ関連会社・番組制作会社という三重構造にもとづく歪んだ力関係についてよく分かっていなかった。番組を良くしたい、番組を守りたい、という思いから発した言葉であったとしても、ＤＪの人たちにそれは強圧的な指示のように響いていたに違いない。

右派政治家の姿が見え始める

翌一月二五日、永田さんと私は全体構成をやり直すとともに、スタジオなどのリソースを手配し、制作スケジュールを立てた。そして、教養番組部から新たに二名のディレクターを投入し、追加するＶＴＲの編集作業に入った。

この時、右翼団体から、週末に抗議行動を起こすことを予告するＦＡＸがＮＨＫに届いていることを、視聴者ふれあいセンターから教養番組部に回されてきたＦＡＸのコピーで知った。この日（二五日）の夕方、私はＤＪに出向き、スタジオ部分の映像素材を受け取り、翌一月二六日にはＶＴＲ部分の映像素材（編集済みの二四分間のもの）も受け取った。

現場の私たちが調整と編集作業を進めていた一月二五日、一方で、ＮＨＫの二〇〇一年度予算案が総務大臣に提出された。

後にＮＨＫが公表した『編集過程を含む事実関係の詳細』（以下、『詳細』）によれば、この少し前からＮＨＫは、与党（自民党、自由党、公明党）所属の衆参両院議員のうち、二五〇名程度（執行部等の有力議員、政務調査会所属議員、総務部会所属議員等）に対する個別の予算説明を開始していた。

その当時の状況を『詳細』は次のように記載している。

「一月二五日から二六日ころ、NHK総合企画室の担当者が古屋圭司議員など、自民党総務部会所属の複数の議員を訪れた際、『日本の前途と歴史教育を考える若手議員の会』所属の議員らが昨年一二月に行われた『女性国際戦犯法廷』を話題にしている」「NHKがこの法廷を番組で特集するという話も聞いているが、どうなっているのか」「予算説明に行った際には必ず話題にされるであろうから、きちんと説明できるように用意しておいたほうが良いといった趣旨の示唆を与えられた。またその際に、一部の議員の間で『NHKが四夜連続でいわゆる女性法廷をそのままドキュメントで放送する』との誤った噂が流布されていることが判明した」

後のことになるが、番組改ざんの真相を究明しようと集まったNHK職員有志に対し、吉岡部長は、「二五日から二七日までのどこかで、伊東〔律子〕番組制作局長が局長室で『とにかく大変なのよ。こんな本よんだことある。読んでみてよ』と『歴史教科書への疑問（日本の前途と歴史教育を考える若手議員の会編）』を見せられる。巻頭言を見たら中川昭一が書いていた。そのことを声に出したら、伊東局長は『そうよ中川よ』といった。『私大変なのよ』とこぼしていた。伊東が圧力を感じているのは、中川なのかと思った」（NHK職員有志作成『時系列表』、以下『時系列表』）と語っている。

また、NHKスペシャル番組部の桜井均EPはNHK職員有志に、「二六日の午後、伊東番組制作局長が野島担当局長から電話を受けているのを見ていた。苦りきった顔で『〇〇という右翼の大物で、野島さんの知り合い。国会議員のところでワーワー言ってる。そこで火がついている。大元の火付け役でいいのではないかと野島さんはいう。インタビューをとってVTRで出せっていうの。大変なのよ』という。桜井EPは『それはひどい。秦郁彦のような学者の方がよい』という。伊東局長は『現場からもその名前は出ている』と言った」(『時系列表』)と語っている。

一月二六日の夕方、松尾武放送総局長、伊東律子番組制作局長、総合企画室の野島直樹担当局長、吉岡部長、永田CPが参加して番組の粗編VTRを試写した後、構成検討を行なうことになった。放送の最高責任者である放送総局長が、完成もしていない番組を事前に試写でチェックすることも異例なら、総合企画室(経営計画)の担当局長が試写に参加するというのも前代未聞の出来事だった。野島担当局長が海老沢会長の右腕として政界工作を担当しているということは、NHKのそれなりのポジションにいる人間なら誰でも知っていることだった。

私はこの時間帯、DJにVTR部分の映像素材を受け取りにいかなければならなかったため、この検討会には参加できなかった。試写直後の松尾さん、伊東さん、野島さんの間には、「なんだ、こんな番組か」という安堵感が広がったと、あとで永田さんから伝えられた。

吉岡さんは後にNHK職員有志に、「二六日の試写で『大丈夫、決まりだ』と思った。野島・松尾の感想は激しいものではなかった。ものすごくひどいものを見せられると覚悟してたのに、こんなものかという安堵感が局長たちにはあった。吉岡は『俺たちに任せておけば、こんなもんだよ』と思った」(『時系列表』)と語っている。

しかし、野島担当局長から、「女性法廷に賛同する内海愛子さんが出るのだから反対の立場の人間も出すべきだ」との指摘があった。吉岡部長は反対したが、野島局長は「こういう微妙な問題はもう一方も出さないと」と言って譲らなかった。吉岡さんも「この一点だけ妥協すればOKならまあいいかと受け入れた」と言う。(『時系列表』)

永田さんから相談を受けた私は、日本大学の秦郁彦教授を推薦した。私は秦教授とは以前、半藤一利さんに「張学良インタビューについて話を聞きたい」と呼ばれて参加した「歴史探偵団」で会ったことがあった。すると永田さんも秦教授とは面識があるということで、永田さんが出演交渉を行ない、ロケをすることになった。この日の深夜、永田さんと私はスタジオ追加収録用の新しい構成案を作成した。

このころ、永田さんは伊東局長の部屋に呼ばれ、吉岡部長と同じく『歴史教科書への疑問』という本を見せられ、「こんな本出ているの。読んだ?」と尋ねられた。そして本を開き、「言って来ているのは、この人たちよ」と言って、中川昭一議員の名前を指した。永田さんは、総合企画室の職員が説明するための資料作りを依頼されていたが、「こうした国会議員に対する説明用の資料をまとめるように命じられたのだ」と受け取ったという。(『時系列表』)

右翼団体による抗議

一月二七日の午前一〇時三〇分ごろ、「維新政党新風」のメンバーがNHK放送センター東側の正面玄関に押しかけ、ETV2001「戦争をどう裁くか」の放送中止を求めて、対応に出た視聴者センターの職員と揉み合いになった。そうした状況は夕方まで続いた。

午後四時ごろ、今度は右翼団体の街宣車六台が放送センター一階西口玄関に横付けし、西口玄関フロントから電話で永田さんに降りてくるように要求した。永田さんが拒否すると、戦闘服を着た三〇名ほどのメンバーが放送センター内に乱入した。しかし、教養番組部への行き方がわからず、一階の中庭に面した廊下付近に立ち往生し、NHKの警備担当者に西口玄関まで押し戻された。右翼団体のメンバーたちは、「これから永田の家に行くぞ!」という捨て台詞を残して立ち去った。永田さんは自宅近くの警察署に電話をして事情を伝えた。家族を心配する永田さんは仕事に集中できなくなっていたので、永田さんが行なうはずだった東京大学の高橋助教授との打ち合わせは、私が代わって行なうことになった。夕方、私はスタジオ追加収録用の新しい構成案を高橋助教授にFAXで送り、その後、電話で打ち合わせを行なった。

一月二八日、この日は日曜日であったが、「維新政党新風」のメンバーが放送センター周辺で放送中止を求めて抗議行動を行なっていた。この二日間、視聴者ふれあいセンターと防災センターの職員たちが、必死に対応してくれた。

午前一〇時から、青葉台にあるシステム・スタジオ・ネロで高橋助教授のスタジオの追加収録を行なった。この日の午後二時から、永田さんが日本大学の秦教授の自宅を訪れ、インタビューを収録した。夕方六時三〇分ごろにスタジオの追加収録の素材と秦教授のインタビューを入れ込んだ粗編集が完成し、吉岡部長の試写を行なった。吉岡部長から数カ所の修正を求められ、修正作業に入った。夜一一時ごろ修正版が完成し、直ちに吉岡部長の試写を行なった。その結果、吉岡部長より最終的なOKが出て、オフライン編集（コピーしたS‐VHSテープを使っての仮編集）を完了した（四四分版）。翌日には技術要員がついてのECS（エディット・コントロール・システム）によるオンライン編集（放送用VTR編集）の作業が控えており、この後の編集の変更は物理的に不可能となる。その後、深夜の時間帯に私はコメント直しを行なった。

NHKによる前掲の『詳細』によれば、一月二八日、「海老沢会長、松尾、伊東らはモンゴルのヘリコプター墜落事故で亡くなったNHK職員の葬儀に出席するために仙台を訪れていた。同日ころ、NHK総合企画室統括担当部長松岡重臣が官房副長官であった安倍晋三議員の秘書に電話をし、安倍議員に予算説明を行いたいので予定が空いている日時を指定して欲しい旨を述べたところ、翌二九日の夕方ころであれば安倍議員の予定が空いているので、そこで予算説明に来て欲しい旨の回答があった」という。（『詳細』）

「この時期、NHKは政治と戦えない」

一月二九日。私は午前より、昨夜修正したコメントを入れ込んだダビング作業用の台本を作成し、午後二時から夜一一時までで押さえたECS‐18号機で、オンライン編集作業を進めていた。午後五時ごろ、永田さんから、「番組の試写を番組制作局長室で行なうことになった」との連絡があった。午後五時三〇分すぎに番組制作局長室にオフラインの編集が完了した時点のS‐VHSのテープと、コメント原稿を持って出向いた。

伊東局長は、「もうすぐ松尾さんが永田町から戻ってくるので、そうしたら試写を始めましょう」

「この時期、NHKは政治とは戦えないのよ。天皇有罪とかは一切なしにしてよ」「もし番組が短くなったら、ミニ番組で埋めるように編成に手配してちょうだい」と私に唐突に告げた。思いがけない言葉に、私は呆然となった。

松尾総局長の到着をしばらく待ったが戻ってこなかったため、伊東局長だけで試写を始めることになった。私がコメントを読み、永田CPがテロップ原稿を示した。

午後五時五〇分ごろ、松尾総局長がコートを着たまま、憔悴しきった表情で番組制作局長室に入ってきた。そこで試写を最初からやり直すことになった。まもなく野島担当局長もやってきた。

午後六時過ぎから試写を再開し、七時ごろに試写が終了した。すると野島担当局長が怒ったような口調で、「これは全然だめだ。話にならない」と言い出した。私は唖然とした。三日前の話し合いで、野島担当局長も番組内容に合意していたのではなかったか？　試写した番組はその合意にもとづいて編集されているのだ。

松尾総局長、伊東局長、野島担当局長、吉岡部長の四人で話し合うことになった。永田さんは局長室の前にあるソファーで待機することになったが、私はECSの進み具合も気になっていたので、作業に戻った。

夜八時三〇分ごろ、永田さんから編集室で作業をしていた私に、「番組内容を大幅に変更することになった」との連絡があった。局長室の前のソファーで待機していた永田さんに変更内容を伝えたのは、野島担当局長だった。永田さんはその時の野島さんとのやり取りの詳細を、後に本に書いている。

四〇分ほどたったころだろうか、扉が開いた。吉岡さんは荒れていた。

「やっていられねえ、そんなに言うのなら、勝手にやってくれ」

そう言って、出て行ってしまった。わたしは長いソファーで、野島さんから変更箇所を細かく指示されることになった。

野島さんは、慰安婦についての表現を「ビジネスで慰安婦になった人たちです」と言えないかとせまった。わたしが、それはいくらなんでも事実と違うと食い下がると、引き下がった。野島さんの指示にまともにしたがって切っていくと、あっという間に四〇分を割ってしまう。野島さんは、どこか増やせるところはないかと聞いた。わたしは、加害兵士の証言と、秦郁彦さんのインタビューなら可能かもしれないと答えた。兵士の証言にせよ、秦さんの話にせよ、増やすにしても限度があったが、指示に従うしかなかった。

このとき、野島さんは「この際、毒食らわば皿までだ」と言った。わたしはこの言葉を決して忘れない。「毒食らわば皿までだ」の意味を、岩波国語辞典はどう書いているか。「一度悪事をやりだしたからは、とことんまでやり通す」とある。あのとき、野島さんの心中に「悪いこと」をしているという意識がたしかにあったと思う。

野島さんは、吉岡さんのように怒鳴ったり、威圧したり、情に訴えることはなかった。淡々と、冷静な指示がくり返された。わたしがおかしいと言って抵抗すると、引き下がったりもした。これまで罵倒され続けてきた数日間だったので、ジェントルな指示に、内心ほっとしてもいた。途中から吉岡さんが戻ってきて、ソファー近くの椅子に座った。もう荒れていなかった。

とんでもないことが起きているわりには、淡々と作業が進んでいく。わたしは抵抗しているところもあるが、完全に白旗を掲げて服従してもいる。吉岡さんももはや、ただ野島さんの指示の通り、訂正箇所を書き入れるだけになった。だれも声を荒げないで黙々と前に進む、なんとも奇妙な時間だった。世のなかでおこなわれてきた数々の残酷なことは、こんなかたちでおこなわれたのかもしれない。（永田浩三『NHK、鉄の沈黙はだれのために』柏書房、二〇一〇年七月）

永田さんから伝えられた大幅な変更の結果、四四分の番組は四〇分を大幅に割り込んでしまった。あまりに切りすぎたために、秦教授のインタビューを増やし、意味のないシーンをあちこちで足しても、四三分にしかならなかった。

この時の野島担当局長の変更意図は以下のようなものだった。

①慰安婦の存在をなるべく消す。
②慰安所、慰安婦に対する日本政府および日本軍の組織的な関与を消す。
③慰安婦問題に対する戦後の日本政府の責任や対応を消す。
④「女性国際戦犯法廷」を肯定する表現を消す。
⑤「女性国際戦犯法廷」が日本政府と昭和天皇に責任があると認定した事実を消す。

この修正を私たちは受け入れるべきではなかったと思う。

しかし、当時、私たちは連日の徹夜で疲労困憊の極限状態にあり、正常な判断能力を持ち合わせていなかった。VTRの元慰安婦の人たちの証言が、ほぼ手つかずに残されたことに意味を見出し、「惨憺たる番組になってしまうが、それでも放送して彼女たちの証言を多くの視聴者に伝えることには意味がある」と自分に言い聞かせ、作業を続行した。

改変されていく番組

しかし、その判断が甘いものであったことは、翌日に思い知らされることになる。

局長室の議論で決められた方針に従って、深夜〇時からECS－18号機でオンライン編集の手直しを行なった。技術要員がついてのECS作業を深夜から、しかも飛び込みで行なうというのは常識外れで、労使問題になりかねない異常事態であり、私は映像技術の管理部門をあちこち駆け回り、頭を下げてまわった。映像技術の管理部門からは、「特例」として管理職が対応することで了解してもらった。その後、ECS作業はディレクターたちに任せ、私と吉岡部長は早朝まで変更版のコメント直しを行なった。永田さんは疲労困憊のあまり何も思考できない状態に陥っていたため、帰宅してもらうことにした。

後に知ったことであるが、番組制作局長室での試写の直前、松尾放送総局長と野島担当局長が会っていたのは、安倍晋三官房副長官であった。その時の経緯を、NHKは『詳細』において次のように記している。

同月二九日午後四時ころ、野島および松岡が松尾を伴い安倍議員のもとを訪れ、予算説明を行った。

野島がこの日の予算説明に松尾を伴ったのは、「日本の前途と歴史教育を考える若手議員の会」の事務局長を務めてきていた安倍議員は本件番組について話題にする可能性が高かったことから、番組の責任者である松尾を同行しておいたほうが良いであろうと考えたためであった。安倍議員のもとを訪れると、まず、野島が安倍議員に予算に関する資料一式を手渡した。その後、松尾が安倍議員に対して、一部で噂されているように本件番組が女性法廷を四夜連続で取り上げるものではないこと等についての説明を行った。

これに対して安倍議員は、慰安婦問題の難しさや歴史認識問題と外交の関係などについて持論を語った上で、こうした問題を公共放送であるＮＨＫが扱うのであれば、公平公正な番組になるべきだとの意見を述べた。松尾は安倍議員の持論に関しては取り立てて意見を述べず、多角的な視点に立った番組になっているので実際の番組を見て欲しい旨を述べた。（『詳細』）

番組制作局長室での幹部四人の打ち合わせの時に吉岡部長が使った台本が残されている。吉岡部長が編集室に無造作に放置していたものを、あるスタッフが、「これは大切な資料ではないか」と保管してくれていたのである。そこには吉岡さんが鉛筆で記した「フルヤ」「アベ」「アライ」という文字がある。それぞれ「古屋圭司」「「安倍晋三」「荒井広幸」衆議院議員を指しているメモであろう。いずれも「日本の前途と歴史教育を考える若手議員の会」に関わってきた人物である。松尾総局長と野島担当局長は、これらの政治家との面会の内容を、伊東局長と吉岡部長に伝えたうえで、内容の変更を検討したのである。

一月三〇日、火曜日の放送当日を迎えた。私は朝九時から八〇九スタジオでダビング作業を開始した。一一時三〇分から声優による吹き替えを収録し、午後一時から広瀬修子アナウンサーによるナレーションの収録を開始した。

広瀬アナウンサーのナレーションを収録している最中に野島担当局長から永田さんに電話があり、コメントを一カ所修正するように指示があった。それは、慰安所制度に陸軍が直接に関与したことを示す資料を法廷で紹介する部分のコメントだった。その結果、当初は「今回の民間法廷では、歴史の専門家が呼ばれ、慰安所制度への軍の関与を示す文書が提出されました」というコメントが、「今回の民間法廷では、歴史の専門家が、慰安所の募集に関する文書などを提出しました。これは民間の手で慰安婦を集める時のトラブルをなくすことを目的に、軍が関与したことを示す資料です」に変更された。

午後三時ごろに広瀬アナウンサーによるナレーション収録を終了し、ただちにミックスダウン作業を開始した。別動チームは午前九時からECS-8号機で、テロップ入れの作業を同時平行で行なっていた。

ダビング作業がもう少しで完了しようとしていた午後六時ごろ、松尾総局長から八〇九スタジオにいた吉岡部長に電話が入り、呼び出された。向かった先には松尾総局長のほか、伊東局長がいた。この時のやりとりを、後に吉岡部長は職員有志へ次のように語っている。

伊東「自民党は甘くなかったわよ。吉岡ちゃん」
松尾「これから言うことは経営判断だ。議論している場合じゃねえ、吉岡」

松尾は台本を持っていた。その台本には斜線が引いてあった。台本を互いに出して。

松尾「〇〇ページを開けろ。ここからここまでなし」次々台本上で削除箇所を指示した。それまでファジー男の松尾総局長がはじめて見せた毅然とした指示だった。誰かに台本をみせて決定した。その決定の通り伝えているに違いないと感じた。

吉岡「そんなに切ったら三八分になってしまう」
松尾「責任は俺が取る。議論をしている暇はない」
松尾「俺の電話を使って今すぐ電話しろ。切った部分を早く現場に言え」（『時系列表』）

午後六時三〇分ごろに四三分版が完成した。その直後に永田さんから、松尾総局長からさらに三分のカットを命じられたことが伝えられた。それは、私が「不本意な修正を受け入れてでも、放送することに意味がある」と判断するよりどころであった元慰安婦たちの証言と、元日本兵（加害兵士）の証言部分だった。

私はこの修正には断固反対した。

「永田さん、納得できません。これ以上切るべきではありません。そんなことをしたら大問題になる。松尾総局長とかけあってきてください」

そう訴えた。永田さんも、「そうだよね。ぼくたちはいま、ヒューと奈落の底に落ちて行っている感じだよね。松尾さんのところに行ってくる」といってスタジオを離れた。

永田さんを送り出した後、私はただちにＮＨＫの労働組合（日本放送労働組合、日放労）の放送系列の委員長（同期入局）に電話をかけて事態を報告し、「組合から松尾放送総局長に申し入れをして、何とか翻意を促してほしい」と頼んだ。

その後、吉岡部長が八〇九スタジオに戻ってきたので、私は、「四〇分で放送を出すということは、世間に向かって番組を改変しました、と公言するようなものです。そんなことをしたら大問題になります。ＮＨＫが深手を負いかねません。これ以上の変更はすべきではありません」と強く訴えた。

吉岡部長は、「それは俺も分かっている。俺も反対したが、松尾は、『君たちとこれ以上議論をするつもりはない。これは経営判断だ。責任は俺がとる』と言って取り合わない。翻意させることは難しい。何とかここは指示どおりに作業を進めてくれないか」と言って、ソファーに力なく倒れ込んだ。

こんな意気消沈して弱音を吐く吉岡部長の姿を初めて見た私は激しく動揺するとともに、事態が抜き差しならない状況であることを理解した。

後に永田さんから伝えられた話によると、スタジオを離れた永田さんは、総局長室がどこにあるのか知らなかったために、とりあえず九階の番組制作局長室企画開発の部屋に行き、「総局長がまた切るように言ってきました、こんなことが許されていいんですか。何とかしてください。総局長に直接話してもいいですか」と叫んだという。前日にこの部屋のソファーでの野島担当局長と永田さんのやり取りを見ていたので、何が起きているかは皆が知っていた。皆、下を向いて沈黙していた。遠藤絢一制作主幹だけが、「僕が一緒に行ってあげよう」と松尾総局長の部屋へ同行してくれたという。総局長室でのやり取りを、永田さんは次のように書いている。

> 遠藤主幹は秘書に挨拶したあと、すぐ総局長の部屋に入れてくれた。そこには、松尾さんと伊東さん、野島さんがいた。三人とも立ってこちらを見ていた。
> 虚をつかれたようすだった。ばつの悪い沈黙が流れた。
> 「吉岡ちゃんには、言っておいたんだけど。なにか?」
> 松尾さんが言った。怒鳴られるかと思っていたが、そんなことはなかった。
> 「はい、聞きました。でもなぜ、いちばん大事な慰安婦の証言や、加害兵士の証言をこの期におよんで切るんですか。やっていいことと悪いことがあります。お願いします。考え直してください。考え直してください。そんなことをしたら、ＮＨＫが深手を負いかねません。考え直していただけませんか」
> 頭のなかで整理しておいたことが、そのまま口に出た。
> 返事はなかった。耐えられずに、また言った。
> 「もしどうしても切るんだったら、加害者の兵士のほうはあきらめます。でも慰安婦の証言

は残していただけませんか」

幹部たちとなんとか妥協点を見出せないか、苦しい言葉を吐いた。いつもの通り、情けない。

伊東さんは黙っていた。松尾さんが口を開いた。

「そういうわけにいかない。ぼくが番組やニュースの責任者だ。ぼくが責任をとる。ぼくが納得できないものは放送できない。今後の責任はいっさいぼくがとるから、ぼくが納得するかたちで切ってくれ。ぼくが放送の責任者だ。ぼくが納得できないものは出せないんだ。だから切ってくれ。なぜならぼくが責任をとるんだから……。ぼくが責任者だから……。」

話がぐるぐるまわっていた。

「なぜ納得できなくなったんですか」

「あれは、自分たちで取材してきた人じゃないだろう。慰安婦の問題は今後もいくらでもやっていけばいいんだ。これが最後じゃないんだから。これからもいくらでもやればいいんだから」

伊東さんは泣きそうな顔でこちらを見つめている。

「でも……」

野島さんが割って入った。

「きみが、一生懸命でまじめなのはわかった。でももう決まったことなんだよ」

静かに、でも有無を言わせないといった感じだった。

わたしは、引き下がった。時間にして一〇分あまりのやりとりだった。


永田浩三『ＮＨＫ、鉄の沈黙はだれのために』

まもなく組合から私のもとに、「これまで何の情報も伝えられていなかったので、今すぐに行動を起こすことは難しい」と連絡があった。さらにスタジオに戻った永田さんからも、「松尾さんを説得したけど、ダメだった」と告げられた。

あの時、どう行動すべきだったのか

私は作業を拒否して放送を阻止するか、四〇分になってでも放送するかの選択を迫られた。もしデスクである私が作業を拒否したら、スタッフはみな従ったかもしれない。シリーズ「戦争をどう裁くか」の第二回は放送されず、他の番組の再放送が流されることになっただろう。しかし、私は作業を拒否する決断をすることはできなかった。もし作業を拒否し、放送を阻止すれば、私だけでなく、この番組にかかわった教養番組部の三人のディレクターも処分を受けることは必至だった。私は、自分の意志とは何の関係もなく最終局面で投入された後輩たちを巻き込んでまで作業を拒否するという判断には踏み切れず、やむなく放送総局長の業務命令に従った。

いまでも、「あの時、どう行動すべきだったのか」と考える。放送の責任者である放送総局長から、自らの信念に反する業務命令を出された時、放送現場の人間はどのような振る舞いをすべきなのか。

午後七時すぎからＥＣＳ－14号機で再編集を行ない、放送テープを完成（四〇分版）させ、ただちに登録を行なった。

午後一〇時から、教育テレビで、四〇分に改変されたＥＴＶ２００１「戦争をどう裁く

か第二回　問われる戦時性暴力」が放送された。ETV特集はETV8、現代ジャーナル、ETV2001などと番組名を変えてきたが、それまで放送された三〇〇〇本以上の番組の中で、放送時間より短い尺で放送されたのは、この番組が初めてだった。

それにしても、四〇分で放送することは、異変があったことを外に向かって明言するようなものであり、NHKが深手を負う可能性があったにもかかわらず、松尾氏が三分カットの判断をした理由は何だったのだろうか。何度か引用してきたNHK『編集過程を含む事実関係の詳細』には、以下のような興味深い記述がある。

一月三〇日午後四時ころ、秘書室秘書主幹の三浦元より伊東に電話が入り、「なかなかご苦労されているようですね。今ちょうど会長の予定があいていますので、いらっしゃいませんか」と告げられたため、伊東は会長室を訪れた。

海老沢勝二会長からモンゴルの事故に関してしばらく話があったあと、伊東は会長に対し、本件番組に関連して他部局に迷惑をかけていることを詫びるとともに、四本シリーズのねらいと女性法廷の概要について手短に説明し、議論が分かれる難しいテーマなので慎重にやっていることを伝えた。

これに対して会長からは特に具体的な指示は無かった。

伊東は、本件番組に関して会長に会ったことは松尾に伝えておいたほうがよいと考え、会長室を出るとすぐに放送総局長室を訪れた。

この際伊東は、吉岡から聞いていた懸念事項などをふまえて考えてみると、本当に昨日の編集で問題がなくなったのか再度気にかかり、松尾と伊東は念のためにもう一度本件番組を確認しておこうと考え、放送総局長室に届けられていた台本を読み合わせた。（『詳細』）

なぜ改変が指示されたのか

以下は、この記述などをもとにした私の推論である。

一月二九日に改変の指示をした野島氏は、やり取りをしていた政治家に台本を見せ、「このように変えさせたから了解してほしい」と伝えたのだろう。しかし、「まだ元慰安婦や元兵士の証言が残っているではないか」と了解が得られなかった。そこで、今度は海老沢会長を使って伊東局長がさらなる変更をするように仕向けた。前日、吉岡部長がヘソを曲げてしまったために、思いがけず自分が前面に出て現場に指示をすることになってしまった。できれば今回は自分が前面には立たず、番組の内容を変更させたい。そこで三浦会長秘書との連携で、伊東局長と海老沢会長の面会を設定した。「会長からは特に具体的な指示は無かった」という点は疑わしい。それでは伊東局長が「もう一度本件番組を確認しておこう」という考えには至らないはずだからだ。しかし、野島氏は自分の意図通りに変更が行なわれたのか心配になり、松尾氏の部屋を訪ねてしまった。そこで、これ以上の変更を思い留まるように訴えに来た永田CPと鉢合わせしてしまった。

この事件は、野島氏の立場に立ってみると、異なった光景が見えてくる。この時の野島氏の仕事は、NHK予算が自民党と国会においてつつがなく承認されるようにすることであった。特に重要なことは、海老沢会長が自民党部会や国会総務委員会で批判にさらされないことだった。そのためには、番組を批判している国会議員を説得し、了解を得る必要がある。野島氏にとって、NHK予算の承認を得るという大事の前には、教育テレビの番組を一本メチャクチャにするぐらい、たいしたことではなかったのだろう。

しかし、そうした野島氏の努力は報われず、中川議員は海老沢会長の出席する自民党の通信部会（現在は総務部会）で、「こんな偏向番組を放送するNHKの予算を通すべきでない」と、NHKを激しく批判した。野島氏は海老沢会長から大目玉を食らったはずだ。「お前がやっていて、なんだこのザマは！」と。このことで野島氏は中川議員を恨んでいたようだ。野島氏は裁判所に提出した陳述書の二月二日の中川氏との面会のくだりの最後に、「なお、結局中川議員はこの日の伊東局長からの説明を受けても納得せず、その後もこの番組に関する批判を続けました」（『野島直樹陳述書』）と記している。

本来、NHK政治部出身の幹部は、こうした政治家に対する批判めいた言葉を口に出したり、公表される文書に書いたりは、絶対にしないものだ。よっぽど腹に据えかねたのだろう。

だが、中川昭一議員は朝日新聞の本田雅和記者の取材に、「しかしだね、連中もそんなもん毅然として拒否したらいいいんじゃないか。そのほうが君たちの言い分としても筋が通っているんじゃないの？」（『月刊現代』二〇〇五年九月号）と答えている。

中川氏のこの発言を読んだ評論家の立花隆氏は、次のように記した。

「筋論としては、中川の言う通りで、政治家が何を言ってこようが、NHK側が毅然としてそれを拒否していれば、問題は起こらなかっただろう。しかし、ＮＨＫは予算も決算も国会の承認を必要とするところから、どうしても政治家のプレッシャーに弱くなる。また、それを承知で政治家がＮＨＫに何かというとプレッシャーをかけてくる。それに従わなかった場合の政治家側のさらなる圧力が恐いＮＨＫは、有力な政治家のちょっとした一言にすぐおびえて過剰反応してしまうというのが、これまでもＮＨＫと政治家側の基本関係だった」（『月刊現代』二〇〇五年一〇月号）

後に「ＥＴＶ２００１番組改変事件」と呼ばれることになるこの出来事は、政治部記者出身の国会担当局長（総合企画室）という職員を回路とし、政治家に番組に手を突っ込まれて、放送内容が改ざんされてしまうという、前代未聞の事件であった。

第2章——内部告発

起こることがないはずのことが起こってしまった。

私たちはＮＨＫ上層部からの理不尽な業務命令に抗うことができず、番組を無惨に改変した。大学で歴史学（東洋近現代史）を専攻した私が、こうした東アジアの現代史をテーマとした番組の改変に関わらざるを得なかったことは、ある意味、運命的な出来事だった。私はこの事件に関するすべての資料を保存し、真相を究明したうえで、いずれ公表することを事件直後に決意した。それが公共放送に身を置き、番組制作に携わる者の責任だと思ったからだ。

いずれ公にするということについて逡巡したことは一度もなかった。ただ、ＮＨＫでやりたい仕事、作りたい番組がまだたくさんあったので、しばらく時間の猶予をもらいたいと思った。その間に、なぜあのようなことが起こったのか、できる限り真相に迫ろうと考えた。私はそうした意図を隠しながら、多くのＮＨＫの関係者に話を聞いた。その結果、放送現場にいた私では知り得なかった政治圧力との関係が徐々に浮き彫りになった。

机に置かれていた内部報告書

事件から二週間後に、事件の背後に政治家からの圧力があったことを最初に具体的に語ってくれたのは、野島担当局長と同じ総合企画室（経営計画）で国会対策をしていた中川潤一統括担当部長（後のＮＨＫ理事）だった。

中川さんは私が大阪放送局にいた時の文化部長で、バランス感覚にすぐれ、冷静な判断のできる人物だった。一見すると物静かだが、ディレクター時代に人権問題に関する番組に取り組んだだけあって、正義感が強く、志を持った上司だった。大阪時代も、私たちの番組に抗議が来ると、毅然と対応してくれた。

中川さんは、番組放送前に中川昭一議員や安倍晋三議員がさまざまなルートを通じて、ＮＨＫが「女性国際戦犯法廷」を取り上げる番組を放送することを批判してきたため、総合企画室の職員が対応に追われた状況を話してくれた。

野島担当局長の登場、伊東局長の「ＮＨＫはこの時期、政治と戦えない」との言葉、松尾総局長が永田町から戻った直後の大幅な改変指示などから、今回の出来事に政治家が関係していることを漠然とは感じていたが、中川さんなどから話を聞いたことで、番組改変が政治圧力によるものであることを明確に理解した。永田さんは放送前に伊東局長から中川議員の名前を伝えられていたようだが、政治にうとかった私はそれまで中川議員、安倍議員のことをまったく知らなかった。

ある時、私の机の上に一冊のファイルが無造作に置かれていた。中には分厚い文書が綴じられていた。右上に「取扱注意」とハンコが押された表紙には、「ＥＴＶ２００１　四本シリーズ『戦争をどう裁くか』について」「平成一三年三月一二日　番組制作局」（以下、『報告書』）との表題があった。

真相を究明しようと、私が話を聞いて回っていることを知った番組制作局の幹部が、密かに私の机の上に置いていてくれたようだった。放送後に取材相手や出演者から抗議を受けたり、制作の経緯が他のマスコミに漏洩したりした原因と責任の所在を明確にしようとする報告書だった。

報告書には制作経緯などが詳細に記されてはいたが、一方で野島担当局長の関与が隠されるなど、欺瞞に満ちたものであった。とにかくNHK番組制作局が最大限の努力をしたことが強調され、トラブルの責任はNHKエンタープライズ（NEP）とドキュメンタリー・ジャパン（DJ）にあるとし、その責任者がNHK会長に詫びを入れる、という内容である。

まずは伊東局長による「番組制作局長の見解」である。

今回のETV2001「シリーズ　戦争をどう裁くか」、とりわけ第二回の「問われる戦時性暴力」は、論点の大きく分かれるテーマを扱う提案であり、NHKエンタープライズ21に制作を委託することから、番組の制作にあたって格別の留意が必要であると判断しました。（中略）「問われる戦時性暴力」は委託番組ではありますが、最終的な責任は番組制作局にあることは言うまでもありません。したがって、放送直前まで最大限の努力を重ねました。

また、番組制作局としては、提案会議は言うに及ばず、提案採択後も時宜を捉え番組内容や情報の管理にできる限りの注意を払って来ました。

しかし、放送後、取材対象者や出演者から番組内容に関する質問や申し入れがなされ、かつ番組関係者からの情報に基づくと推測されるマスコミの取材を受けるなど、不測の事態が発生しました。

最終責任者として、こうした混乱と不測の事態を招いたことに対し深く反省しております。

番組制作局長　伊東律子

そして（1）番組制作の過程における問題点、（2）危機管理、情報管理上の問題点が指摘されている。特に重視されているのは、情報漏洩の問題である。

週刊金曜日および朝日新聞からの取材には、制作過程の細部にわたる経緯など直接の制作担当者しか知りえない内部情報にもとづいたと推測される内容が多く含まれていた。

特に、放送当日一月三〇日の作業において、番組の内容時間が四三分から四〇分に変更された経緯を知る者は極めて限られていたが、朝日新聞の記者はこの間の経緯を正確に把握していた。番制局は、内部情報がいかにして外部に漏洩したかについて、NHK側の番組制作関係者に事情聴取を行い、三〇日の最終制作作業に直接携わった者およびその事情を知りうる立場にあった者までは追跡、確認することが出来た。

さらに、過去の類似ケースである、従軍慰安婦を扱った「終戦の日」関連NHKスペシャル（一九九六年）、および、おはようジャーナル「戦争を知っていますか」（一九八八年）の制作関係者まで範囲を広げて検討してみたが、現在のところ、外部への漏洩ルートを確認するまでには至っていない。

そして、おはようジャーナルとNHKスペシャル、今回のETV2001の制作担当者の名前が列挙されている。その後に、吉岡部長がまとめた「ETV2001『戦争をどう裁くか』の制作経緯と放送後の対応について」があり、その冒頭には「この放送が関係各方面の皆さまに多大な御迷惑をお掛けいたしました。現場の責任者として反省と教訓を見出すために、制作過程を振り返ってみます」とあり、最後は「この番組を巡る事態に関して、情報管理に大きな見えないエラーがあったことを痛感しています。新聞社、週刊誌等の記者の言動からして、内部情報が流出していることは明らかであると思います。内部調査も進めていますが、現時点では、流出経路は特定できておりません。今後に大きな課題を残すと同時に、自らの非力さを深く反省しております」と結ばれている。

さらに「ETV2001『戦争をどう裁くか』の制作経緯」と題する永田さんへのヒアリング報告が続き、番組制作局の報告書の後に、NEPとDJの報告書が綴られている。

ETV2001シリーズ「戦争をどう裁くか」の放送をめぐって、NHKからNEP21に委託された責任を十分に果たせず、NHKに多大のご迷惑をおかけしたことに対し、当社責任者として心から深くお詫び申し上げます。

今回の件を教訓として、当社の番組の提案から再委託に至る経緯や制作、納品など全過程に渡って広く再点検し、ただすべき点はただして、NHKから要請される当社の責任を全うすべく万全を期す所存であります。

誠に申し訳ありませんでした。

平成一三年三月九日　NHKエンタープライズ21　代表取締役社長　酒井治盛

その後、林勝彦EPへの事情聴取報告書、島崎素彦部長への事情聴取報告書、DJの広瀬凉二代表取締役社長への事情聴取報告書が続く。

この報告書からは、DJの広瀬社長がNEPに、「放送前に弊社のディレクター（中略）が私信として発信した電子メール上に、一部軽率な表現があったことに対して弊社の監督が不行き届きだったことを、深くお詫び申し上げます」とする「始末書」を提出させられたことも分かる。

そしてNEPの報告書は益弘泰男制作本部長の「今後に向けて——ETV2001『シリーズ戦争をどう裁くか』について」で締めくくられている。

ETV2001「シリーズ戦争をどう裁くか」に於いて、危機管理や指導力等の不足のため当社並びにNHKに対し、多大なご迷惑をおかけしたことを深くお詫びいたします。

この様な問題を引き起こした原因を探り、再び過ちを繰り返さないため、番組の企画段階から、取材・制作の過程を具に精査いたしました。その結果、特に次の二点に問題が集約されているとの結論に達しました。

1）担当プロデューサーは、十分にその責任を果たしたか。

2）このテーマは外部プロダクションに再委託する番組にふさわしいのか。（中略）

今回は、担当EPが当初から番組の内容に肉薄して行った形跡がない。デリケートなテーマであるだけに、よりNHKのCPと意思の疎通を図りながらDJ（ドキュメンタリー・ジャパン）

のPDを指導しなければならなかった。身体をはって番組と闘って欲しかった。又、危機管理面に於いて契約書の主旨が徹底されず、DJスタッフのチェックにも配慮がなされていなかった。（スタッフにバウネットワークの会員がいた。）残念である。

次に、このテーマはDJに再委託するテーマではなかったのではないか。こうした微妙なテーマは、NHKのスタンスを考えるとインハウスで制作するべきであった。結果論ではなく、事前に危機管理意識を働かさなかった私ども管理者の責任でもある。

そのほか、番組の提案システムも検討が必要である。（中略）制作本部の部会が毎月一回以上部会を開く。（毎週の部もある。）スペシャル企画は、制作本部の部長会に最低放送の二ヶ月前には提案の説明をする。

NEP21は、NHKの番組を委託し統括する重大な責任を持ちます。今回の轍を二度と踏まないよう生きた教訓とし、内外ともにさらに信頼されるNEP21となるよう指導にあたる所存です。

平成一三年三月九日　NHKエンタープライズ21　制作本部長　益弘泰男

この報告書を読みながら、私はNHKという組織の実情に暗澹たる思いになった。この報告書は事件の真相に迫ろうとするものではなく、すべての責任をNEPとDJに押しつけて、NHK番組制作局が責任を逃れるために作成された報告書であることを理解したからである。

ETV2001番組改変事件で問われるべきは、外部からの圧力に毅然と立ち向かわず、番組改変を受け入れてしまったNHK上層部の責任である。

情報が漏洩し、マスコミに取り上げられたことが問題なのではない。ましてや関連会社（NEP）や番組制作会社（DJ）の担当者に責任があるなどということはまったくない。責任を負うべきNHKの上層部の人々は、この事件の後にかえって栄転し、松尾氏はNHK出版の社長となり、伊東氏と野島氏は理事に就任した。その一方で、事件の責任は立場の弱い関連会社や番組制作会社の人たちに負わされていった。責任は弱い立場のほうへ、弱い立場のほうへと押しつけられたのである。

NEPの林さんは管理責任を問われて降格処分となり、勇気をもっていち早く現場の異常事態を社会に伝えたDJの坂上さんは会社を辞めざるをえなくなり、広瀬さんもやがて会社を去ることになった。

関係者に残した深い傷跡

NEPの林さんから、二〇二一年一二月、私の携帯に突然電話があった。話をするのは二〇年ぶりだった。

林さんはとても明るい声で、「長井デスク？『週刊金曜日』の取材を受けてね、本当のことを全部話したよ！　久しぶりに会おうよ！」と伝えてきた。

林さんの取材にもとづく記事は、その年の『週刊金曜日』一二月一七日号に掲載された。

その記事の中で林さんは、記者から、東京地裁に提出した陳述書で、「これまでに、抗議などにより番組の内容を改変したり、改竄したことなどということは全くありません」という記述をしているが、これは事実か、と問われて、「これは嘘ですね。嘘になります。でも愛するNHKを守るために事実に反することを書いたのだと思います」と率直に答えている。

さらに、裁判に関連した会議でNHK側の弁護士から二度質問されたことを明かしたうえで、「二回目は正確には覚えていませんが、その時は、政治介入を受けてNHK幹部がヘナヘナになっていた。海老沢勝二会長も結果的に政治権力に屈したわけです。政治権力に屈するような人たちがNHKの幹部になるべきではないと明確に言いました。私は改竄には会長もかかわっていたと思っています。なぜなら私は放送後に会長から呼ばれました。番組の責任がNHK番組制作局にあるのか、それともNEPにあるのかを会長が最終的に裁定する一種の儀式だったと思います」「NEPに戻り、社長から様子を聞かれました。人事担当幹部からその後、口頭で『処分』を言いわたされました。NEPの責任と判断したのだと思います」

NHK上層部からの改変指示に抵抗しなかった理由については、「番組制作の三重構造（NHK－NEP－DJ）という権力関係の中では、NEPを辞める覚悟でなければできません。私にはそこまでの覚悟がありませんでした」「NHKに抵抗したらDJは、二度とNHKとは番組を作ることができなくなってしまう。NHKに抗議したとしても子会社は絶対に勝てない。番組改竄事件後もDJがNHKと仕事ができるように力を尽くすことが、私がやるべき必要最小限の責任だと今でも思っています」。

記事は林さんの次のような言葉で締めくくられている。

私もとても悩み、当時は就寝中に突然、目を覚ますなど眠れない夜が続きました。カットされた出演者の方々や、犠牲を払わされた番組制作の仲間たち、そして戦時性暴力被害者……。こうした方々にも、これまでちゃんと謝罪をすることができなかった。改竄を止められなかった自分自身への責めが安易な謝罪を躊躇させていたこともあります。しかし、ようやく二〇年たって謝罪の気持ちを表すべきだとの思いにいたりました。

『週刊金曜日』二〇二一年一二月一七日号

記事が出た翌月、林さんと、私の仕事部屋で二〇年ぶりに再会した。私が提案して永田浩三さんにも来てもらった。三人で当時の経緯をいろいろと確認した。永田さんが裁判対策の会議でＤＪを守るような発言をしてくれなかったことに林さんが抱いていたわだかまりも、氷解したようだった。

一時間ほどの話し合いのあと、私が買っておいたシャンパンを開け、三人で乾杯をした。林さんは上機嫌で、大きな声で元気に話しつづけた。私は、「林さんは長年背負いつづけてきた重荷をようやく降ろすことができて、嬉しいのだろうな」と思った。その日は皆、再会を約して気分よく別れた。

その直後、林さんが急死したという知らせがあった。

私は号泣した。「いくら重荷を降ろして嬉しかったからって、死んだらダメでしょ！」と、私は心の中で林さんに向かって叫んだ。

ＥＴＶ２００１番組改変事件は実に多くの人々を傷つけ、その人生を変えてしまった。

この世の中には、嘘をついて他人を傷つけてもまったく責任を感じず、「自分は悪くない」と平然としていられる人がいる一方で、事実を隠蔽せざるを得なかったことに良心の呵責に苛まれつづけ、ついには自らの命を削ってしまう人もいるのである。

内部告発へ

二〇〇一年一月の事件の後も、私はＥＴＶ特集班のデスクをしながらＮＨＫスペシャル大型シリーズ「日本人はるかな旅」「文明の道」のデスクを兼務し、多忙を極めた。

二〇〇二年には、放送総局テレビ五〇年事務局のＣＰとなった。テレビ放送が始まって五〇年となる二〇〇三年に、一年間にわたってさまざまな番組やイベントを開催した。二月一日には「今日はテレビの誕生日」と題して総合テレビで一六時間の特集番組を、八月にはアジア七カ国の中学生四二人が船（望星丸）で二週間にわたって日本各地をめぐりながら環境学習をする「未来への航海」を、地上デジタル放送が始まった一二月一日には、世界各地の世界遺産からハイビジョン中継する特集番組「世界遺産からのメッセージ」などを放送した。二〇〇四年に、テレビ五〇年事務局は放送八〇年事務局に看板を掛け替えて、二〇〇五年にさまざまな番組やイベントを展開することになっていた。

一方、ＥＴＶ２００１番組改変問題は、放送を見て衝撃を受けた「女性国際戦犯法廷」の主催団体のひとつVAWW－NETジャパン（「バウネット」）が、番組に対する期待と信頼（信頼利益）が侵害されたとして、二〇〇一年七月にNHK、NEP、DJを提訴し、裁判に発展していた。吉岡部長や永田さんは対応を迫られていたが、私にはほとんど声がかからなかった。

裁判では政治家の関与について完全に隠されていた。二〇〇四年三月、一審の東京地裁ではDJにだけ損害賠償責任を認め、NHK、NEPに対する原告の請求を棄却する判決がくだされた。すべての責任をNEPとDJに、できればDJだけに押しつけて、NHKは逃げきるという法廷戦術が成功したことを知り、悲しくなった。

そして舞台は東京高裁に移った。最高裁では証人尋問は行なわれないため、東京高裁での裁判の終わりまでには、私は事実を公表し、証言しなければならないと考えていた。それが番組改変に手を染めてしまった自分なりの責任の取りかただと思っていた。

しかし、東京高裁の裁判はまだ数年は続くだろうから、しばらくはNHKで番組制作の仕事を続けたいと思った。ところが二〇〇四年の一〇月、「まもなく裁判が結審しそうだ」という情報がもたらされた。ちょうどそのころ、「公益通報者保護法」の成立（二〇〇四年六月）を受けて、九月にNHKにも「コンプライアンス通報制度」が設けられた。

私は決断を迫られた。だが、このタイミングで行動に出る決心がなかなかできなかった。まだまだ作りたい番組がたくさんあった。内部通報を行なって裁判で証言を行なえば、すぐにも報復人事で放送現場を外されるであろうことは容易に想像がついた。

一カ月ほど迷ったが、私は意を決して、一一月末に中川潤一理事に連絡をとり、放送センター近くの喫茶店で会い、「政治圧力で番組が改変された事実を公表するつもりです」と伝えた。中川さんは大変驚いた様子で、「いまＮＨＫの大改革を進めている。もう少し辛抱してほしい」と、公表を思いとどまるよう説得した。

私は考えを変えなかった。このことについては、親しかった永田さんにも一切相談しなかった。相談すれば止められるだろうし、そうなれば決意が揺らぐと思ったからだ。ただ、組合（日本放送労働組合）中央委員会の委員長（同期入局）と書記長には相談した。二人は「ぜひやってください」と述べ、すでに管理職で組合員ではなくなっていた私を応援してくれた。そして弁護士も紹介してくれた。私はその弁護士と、コンプライアンス通報窓口に提出する文書の検討を始めた。

さらに私は一一月末、朝日新聞の本田雅和記者に電話をかけた。私は本田記者には一度も会ったことはなかったが、事件直後にＥＴＶ２００１の番組関係者に接触しようとしていたことは知っていた。その後も数年にわたって問題の記事を書きつづけていたので、協力が得られるかもしれないと思ったからだ。私が「政治圧力により番組改変した」と公表するには、どうしても政治家本人に裏を取る必要があった。しかし、ＮＨＫには「国会議員等を取材する時には政治部の了解を得る」という不文律があり、私が政治家の取材をして回るわけにはいかなかった。だから協力してくれる記者がいれば、それは読売新聞の記者でも、毎日新聞の記者でもかまわなかった。私はこの時、ＮＨＫと朝日新聞が因縁の関係にあることを、あまり理解していなかった。

本田記者の携帯に電話し、「ＮＨＫの長井と申します。ＥＴＶ２００１の番組改変が起こった時にデスクをしていました。本田さんはまだ番組改変のことを追っておられますか？」と尋ねた。

本田記者は、まだ取材している、とのことで、一一月二五日に新宿で会うことになった。

私は本田記者の質問に答えながら、放送現場で実際に私が体験した出来事、その後、NHKの幹部から聞いた話を詳細に語った。そしてNHKのコンプライアンス通報窓口に内部告発するつもりであること、一カ月経ったら記者会見をして公表するつもりであることを伝えた。そして、本田記者に裏付け取材を依頼した。

そして一二月九日、私はNHKのコンプライアンス推進室の外部通報窓口となっている東京丸の内法律事務所を訪ね、「ETV2001のシリーズ『戦争をどう裁くか』第二回『問われる戦時性暴力』が中川昭一議員・安倍晋三議員からの圧力によって改変された可能性がある。もしそうした事実があったとすれば、それは放送法第三条およびNHK倫理・行動検証に違反する行為であるので調査してほしい」という趣旨の通報をした。

しかし、対応した弁護士は、余計な仕事を増やされて迷惑といった感じで、「なんでわざわざ私どもの弁護士事務所に通報するのですか?」と質してきた。私は、「内部の通報窓口だと、誰が通報したかがすぐに執行部に伝わってしまいますので」と答えた。

八日後の一二月一七日、弁護士から「調査をすることになった」と電話で連絡があったものの、その後もいっこうにヒアリングなどは始まらなかった。一方、朝日新聞の本田記者は一二月二六日に起きたスマトラ沖地震の取材でスリランカに派遣され、裏取り取材はあまり進展していないように思われた。私は通報から一カ月が経った一月中旬、予定通り記者会見をして公表するつもりであることを本田記者に伝えた。しばらくすると本田記者から、「NHKの幹部と二人の政治家から裏が取れたので、一月一二日に記事を出す予定」と連絡があった。私は一三日に記者会見をすることにした。

記者会見で経過を率直に語る

年が明けて二〇〇五年の一月一二日、『朝日新聞』の朝刊に「NHK『慰安婦』番組改変　中川・安倍氏『内容偏り』前日、幹部呼び指摘」との記事が掲載された。

その日の夜、NHKの上司から、「長井君が明日、記者会見を開くという情報があるけど、本当か？　そこまでやるとあとには戻れないよ。考えなおしたらどう？」との電話がかかってきた。私は「ご迷惑をおかけして申し訳ありません。でも、もう決めたことですから」と告げると彼は、「そうなのか……。でも体にだけは気をつけてね」と言ってくれた。

一月一三日。朝一〇時少し前に、弁護士と一緒に、会見場となった渋谷の東武ホテルに裏口から入ろうとすると、TBSの中継車が駐まっていて驚いた。「私が公表しようとしていることは、そんなに社会の注目を集めることなのだろうか？　私はただNHKと政治との距離の問題を問いたいだけなのだが」と思った。

朝一〇時から会見は始まった。会見場には多くの記者が集まり、熱心に質問をしてきた。

私は自分が実際に体験したことと、NHKの関係者から聞いた話を明確に区別して、慎重に言葉を選びながら質問に答えた。しかしそれが後に「長井氏は伝聞でものを言っていて信憑性がない」と批判されることになる。しかし、取材の基本は相手に話を聞くことである。証拠となる紙の記録や映像・音声のデータがなければ、事実を証明することはできないというのであれば、世の中に起こった多くの出来事はなかったことになってしまう。特に政治圧力というものは、物的な証拠を残さないように加えられるのが常である。

私は、二〇〇一年一月二九日に政治家と面会した野島担当局長と松尾総局長による二度にわたる指示で、番組が無惨に改変され、通常は四四分の番組が四〇分に短縮されて放送された経緯を説明した。私が記者会見で配布した資料には後半、次のように記されている。

こうした二度にわたる政治介入にともなう番組の改変によって、番組内容はオフライン編集完了時とは大きく異なるものとなり、番組の企画意図は大きく損なわれることとなりました。

こうした行為は放送法第三条の「放送番組は、法律の定める権限に基づく場合でなければ、何人からも干渉され、又は規律されることがない」に違反する不正行為であることは明らかです。

私は去年の一二月九日、一連の不祥事を経て作られた「NHKコンプライアンス通報制度」に基づいて通報を行い、この不正行為を調査し公表するよう、NHKコンプライアンス推進室に求めました。推進室からは一二月一七日に、「調査することになった」との連絡を受けました。しかしその後、調査は進展せず、通報後一カ月を過ぎた今日にいたっても、関係者へのヒアリングすら開始されていません。

このことから、末端の職員の不正行為は直ちに調査し公表しても、海老沢会長やその側近がかかわる不正行為については、これを調査し公表することがないことが明らかになりました。制作現場への政治介入を恒常化させてしまった海老沢会長と、国会・政治家対策を担当する役員や幹部の責任は重大です。

以上の点から私は、NHKの真の改革を実行し、視聴者の皆さまの信頼を回復するためにも、最低限、今回の不正行為についての調査を厳正に行い、これを公表し、海老沢会長と全役員が責任をとるべきであると考えます。

NHK執行部の反省なき対応

私が記者会見をした一三日の夜、NHKの関根昭義放送総局長が会見を開き、「今回改めてこれについて調べた結果、報道にあるような自民党の安倍晋三氏・中川昭一氏の両氏から政治的圧力を受けて番組の内容が変更された事実はありません」「この番組は、最終的にNHKの責任で放送したものであり、政治的な圧力で『改変』が行われたという担当デスクの主張は間違いです」との見解を発表した。

この関根総局長の会見には心底、驚かされた。NHKの誰が、どのような調査をしたのか、まったく説明がなかったからだ。また、この問題は一カ月以上前に私が内部通報をしており、コンプライアンス推進室の正式な調査結果が出てからでなければ、NHKはいかなる見解も発表できないはずだ。要は、NHKの海老沢執行部が「政治圧力による番組改変はなかったことにする」と決めただけのことだ。そしてその時にNHK幹部が朝日新聞の記事の内容を否定する根拠としたのは、安倍氏とは放送前の一月二九日に幹部が面会したが、「呼ばれたのではない」、中川氏とNHK幹部が面会したのは放送後の二月二日だったという二点のみだった。

しかし安倍議員はこの頃、自身のウェブサイトに、次のように書いている。

この模擬裁判は、傍聴希望者は『法廷の趣旨に賛同する』という誓約書に署名しなければならないなど主催者側の意図通りの報道をしようとしているとの心ある関係者からの情報が寄せられたため、事実関係を聴いた。その結果、裁判官役と検事役はいても弁護士証人はいないなど、明確に偏った内容であることが分かり私は、NHKがとりわけ求められている公正中立の立場で報道すべきではないかと指摘した。

この文章は、「関係者からの情報が寄せられたため」と「事実関係を聴いた」の間に「NHKの幹部を呼んで」という言葉を補って理解すべきであろう。

記者会見を開いてからの数日間、私の携帯電話には次々と電話がかかってきた。永田さんは「どうしているの、大丈夫？」と優しい声をかけてくれた。私は、「ご迷惑をおかけして申し訳ありません。永田さんこそ大変なことになっていませんか？　事前に永田さんに相談すると、絶対に止められると思ったし、かえってご迷惑をおかけしてしまうので相談しませんでした。すみません」と伝えた。永田さんは「体に気をつけて」と言って電話を切った。吉岡さんからも電話がかかってきた。「おお、長井。元気か？　中川と会ったのが放送のあとだなんて、とんでもないよなあ」

と関根総局長が発表した見解の内容に憤っていた。小俣一平さんからも電話がかかってきた。小俣さんは元社会部長で、当時の海老沢会長の右腕といわれた人だが、私とはＥＴＶ２０００「シリーズ太平洋戦争と日本人　第一回　一銭五厘たちの横町　庶民にとっての戦争」という番組を一緒に作ったことがあった。その時に、二人とも学生時代に「太平天国」の研究で有名な東京大学の小島晋治先生に師事（二人とも東大生ではなかったので私淑と言うべきか）していたことがわかり、親しくなった。小俣さんは「いやー、大変やね！　海老沢さんから『長井って、どんな奴なんだ？』って聴かれたから、『真面目で、良い奴ですよ！』って答えておいたよ。そしたら周りにいた連中から、『小俣さん、どうしちゃったんですか？』って心配されちゃったよ」といつものように陽気に語ってくれた。

さらに、「長井を孤立させないために、長井の主張がどこまで裏付けられるのか、事実関係を確認しよう」と、ＮＨＫ職員有志が集まった。そこには永田さんのほか、吉岡部長や桜井均ＥＰも加わった。私も後日、滞在先のビジネスホテルでこの有志の会からヒアリングを受けた。その成果はやがて、これまで何度も引用してきた『時系列表』にまとめられた。

私は当時、組合書記長の「自宅にいるとマスコミが押し寄せて、ご近所に迷惑がかかりますので、しばらくはどこかのホテルに宿泊していたほうがいいですよ」とのアドバイスを受け入れて、都内のビジネルホテルに滞在していた。

ＮＨＫの海老沢執行部は、「政治圧力による番組改変はなかった」とし、名前があがった二人の政治家を守ることで組織防衛を図る方向で動き出した。一月一四日には松尾元放送総局長（すでにNHK出版の社長に転じていた）が呼ばれ、幹部たちとの打ち合わせが行なわれた。その時の模様を吉岡部長は職員有志たちに次のように語っている。

一月一四日、松尾元総局長に呼ばれ、四階に集合した。一月一二日の朝日新聞の記事への対処を話し合う場だった。野島元担当局長（現理事）伊東元番組制作局長（現顧問）白髪頭の人がいた。宮下理事も一〇分くらい顔を出した。松尾氏が記者会見を行う相談だったが、「やる」という決断はくだらなかった。野島氏から松尾氏に「一月二九日は安倍氏に呼びつけられたのではなく、こちらから説明に行ったというふうに話して欲しい」と要望があった。松尾氏は苦りきった顔で「よく覚えていないという解答（ママ）ではどうだろうか」といい、そこに落ち着いたようであった。一月一五日の夜、伊東元局長から吉岡氏に電話「松尾さんの会見は延びるわよ」。長電話だった。（『時系列表』）

「ニュースの話法」を逸脱して自己弁護を始めたNHK

一月一四日、朝八時のNHKニュースの内容に、私は愕然とした。

自民党の安倍晋三氏と中川昭一氏が放送前にNHKの幹部を呼んで、放送の内容に偏りがあるなどと述べたと報道されたことについて、NHKは改めて調査を行ないました。その結果、まずNHKが中川氏に面会したのは放送前ではなく、放送の三日後であることが確認されました。

また、安倍氏については正確な記録は残っていませんが、放送の前日頃に面会していました。しかし、安倍氏から呼ばれたものではなく、NHKの予算の説明を行なう際に、あわせて番組の趣旨やねらいを説明したものでした。

その時点ではすでに番組の編集作業は最終段階に入っており、多角的な意見を反映させるために、追加のインタビュー取材も終わっていました。したがって、安倍氏との面会によって番組の内容が変更したという事実はありませんでした。

NHKは長い年月をかけて「ニュースの話法」を作り出し、その客観性を保った報道姿勢で視聴者の信頼を得てきた。ところがこのニュースは、完全にその「ニュースの話法」を逸脱したものであった。たとえそのニュースがNHKに関するものであったとしても、これまで「ニュースの話法」が変更されたことはなかった。このニュースは前日に発表された関根放送総局長見解の内容を伝える内容であったから、本来の「ニュースの話法」で言えば、「〇〇の問題についてNHKの関根放送総局長が昨日見解を発表しました。それによれば、〇〇とされています」となるはずだ。最低でも、「〇〇とNHKが発表しました」としなければならない。ところがこのニュースは「NHK」が主語になってしまっており、文章の終わりも「としています」「と発表しました」などではなく、「ありませんでした」となっている。つまりニュースが自己主張を始めてしまったのだ。これはNHKが客観報道の原則を逸脱し、ニュースという公共の電波を使って、自己弁護のプロパガンダを行なったとしか言いようがない。

特にひどかったのは一月一九日のニュース7である。この日、NHKの関根放送総局長、出田幸彦副総局長、宮下宣裕理事らが記者会見し、私の通報した内容についてのコンプライアンス推進室の調査結果報告書について説明した。ニュース7はその内容を一三分間、つまり三〇分の放送枠の半分近くを使って延々と流したのである。

少し長くなるが、この一三分間の内容を詳細に振り返りたい。

畠山経彦アナウンサー　NHKは今日記者会見を行ない、法令遵守のために設けたコンプライアンス推進室の詳細な調査結果を公表しました。また、朝日新聞の取材を受けた当時の放送総局長が、取材内容から大きくわい曲されて意図的に書かれていると主張し、訂正と謝罪を求めました。この問題は四年前にNHK教育テレビで放送された「戦争をどう裁くか」というシリーズ番組のひとつについて、自民党の安倍晋三氏と中川昭一氏が放送の前にNHK幹部を呼んで、放送の内容に偏りがあると述べたと朝日新聞などが報道しているものです。

NHKは今日、記者会見を行ない、図を使って番組の制作過程を詳しく説明しました。

アナウンサーがそう述べたうえで、記者会見で説明された番組の制作過程について、編集機のイメージ映像とテロップ（字幕）を合成して作られたVTR映像にナレーションを付けて説明する。

テロップ　平成一三年一月一九日　教養番組部長　一回目試写　大幅な手直しを指示
テロップ　一月二四日　部長への二回目試写　編集作業　制作会社からNHKに
テロップ　一月二六日　おおまかな編集段階で放送総局長への試写
　　　　　批判的意見も入れること決定
テロップ　一月二九日未明　第一次版の編集VTR（四四分）できる
テロップ　一月二九日夕方　放送総局長への試写　深夜　再度試写行い　四三分に
テロップ　一月三〇日（放送当日）　放送総局長・番組制作局長・教養番組部長で協議
　　　　　四〇分に編集のうえ夜放送

NHKが発表した「ETV2001の制作経緯」についていえば、番組の制作経緯を事細かに説明しているように見えるが、本質的なことは何も説明していない。特に放送当日の一月三〇日に放送総局長・番組制作局長・教養番組部長で協議し、なぜ通常四四分の番組が四〇分に編集されて放送されたのか、その理由がまったく説明されていない。NHKは、隠したい大きな事実がある場合、本質から外れた細かな事実を詳細に公表する傾向がある。

その後、関根総局長の会見でのコメントが紹介される。

関根昭義放送総局長　決してね、政治的な圧力があったから番組が多少短くなったとか、そういうことはない、ということを明確にしておきたいと思いますし、もとより自主規制うんぬんということはありません。

その後、畠山アナウンサーがコンプライアンス推進室の調査結果についての原稿を読み上げる。

畠山アナウンサー　続いて問題の調査を行なったコンプライアンス推進室の調査結果が公表されました。調査は、政治的圧力を背景に番組が改編された事実があったのか、そして放送は何人からも干渉されないなどと定められた放送法第三条や、NHK倫理・行動憲章に違反するかどうかを対象に行ないました。この中でコンプライアンス推進室は通報を受けてこれまでに当時の松尾武放送総局長等、ご覧の五人からヒアリングを行なったことを明らかにしました。その結果、中川氏については当時の松尾放送総局長と野島担当局長の二人は番組放送前に面会した事実はなく、放送後の二月二日に、当時の伊東番組制作局長と野島担当局長の二人が面会していたことがわかりました。また、安倍氏については、当時の松尾放送総局長と野島担当局長の二人が放送前日の一月二九日ごろに、NHKの予算や事業計画を説明する目的で面会したということです。この際に、今回の番組については国会議員の間でさまざまな議論があることを認識していたため、この機会に番組を説明しておこうと思い、番組の趣旨について概略を説明したということです。説明を受けた安倍氏は、「番組は公平中立であるべきだ」という感想を述べたということです。コンプライアンス推進室はこうした事実から、中川氏については放送前に面会した事実がないため、放送法や倫理違反の検討の必要はないとしました。また安倍氏については、放送の前に二人が面会をしていたものの、事業計画に付随して今後放送される番組について説明することは通常の業務の範囲内と判断し、放送法とNHK倫理・行動憲章に違反していないという結論を出しました。

その後、当時の松尾武放送総局長の記者会見での発言が延々と紹介される。

松尾放送総局長　朝日新聞の取材を受けたのは、私の自宅で今月九日の昼すぎでございます。昨日の記事の中で、カッコ付きになっているNHK幹部の発言部分は、私の発言に即して書いているような体裁をとっておりますが、事実とはまったく逆の内容になっていますので、これからその一つ一つについて申し述べます。

ここにもNHKが用意した『朝日新聞』の紙面で構成されたVTR映像が挿入される。

アナウンサー　松尾元総局長は、まず、朝日新聞の記事が番組放送前日にNHK側が中川・安倍両氏に相次いで会ったような形になっていることについて、次のように述べました。

松尾元放送総局長　私は安倍氏とは会ったが、中川氏については記憶が定かでないと取材に答えております。そのうえで安倍氏に面会したのは一回きりですと答えた部分を、中川・安倍両氏に会ったようにねじ曲げて記事を作っています。

さらにNHKが用意した『朝日新聞』の紙面で構成されたVTR映像が挿入される。

アナウンサー　また、朝日新聞が、この幹部は一貫して自民党に呼ばれたとの認識を示し、これを圧力と感じたと証言したと報じたことについて次のように証言しました。

松尾元放送総局長　私は「自民党に呼ばれた」「圧力を感じた」という発言はしていません。特に「圧力を感じた」という発言ですが、朝日新聞の記者は取材の最初から終わりまで、何回もしつこく「政治的圧力を感じさせたでしょう」と決めつけるような質問をしてまいりました。それに対して私はその都度くりかえし、「政治的圧力は感じていません」と答えましたが、記事はまったく逆の内容になっています。極めて遺憾です。私は「圧力」という言葉を使ったのは、「さまざまな団体などからの外部圧力に対しては、影響されないように闘っていかなければならない」という趣旨で話したものです。朝日新聞の記者には、「政治的な圧力は感じなかった」と、まちがいがないように繰り返し答えたのに、なぜあえて逆の記事になってしまうのか、全く理解できません。

ここでも『朝日新聞』の紙面で構成されたVTR映像が挿入される。

アナウンサー　また、記事には中川氏の話しぶりについては、「注意しろ、見ているぞという示唆を与えられた」と幹部は受け止めたとした部分もありました。

松尾元放送総局長　私はこのような発言をしていません。記者に対して「中川氏と面会したかどうか記憶が定かでない」と申し上げているので、こうした答え方をするわけはありません。

アナウンサー　松尾元放送総局長はこの他、記事の五カ所に言及した上で、朝日新聞の取材について次のように述べました。

松尾元放送総局長　朝日新聞の記者の取材は、私にとってはまず結論ありきで、すでにストーリーができあがっていたように感じられました。私は記憶が曖昧な中で、慎重にしかし誠実に取材に答えたつもりですが、それがこのような記事になり、誤報につながってしまったことが極めて遺憾で残念です。朝日新聞には訂正と謝罪を求めたいと思っております。

記者　内部告発をした長井さんについては、今どんなお気持ちでいらっしゃいますでしょうか。

松尾元放送総局長　噂とか、伝聞とか、憶測で告発するということが、結果的にそういう状態になっているわけですね。このことについては、私は誠に残念です。誠に残念です。憶測でものを言うジャーナリストとは何なのか。私は許せません。

ニュース7が、私の主張内容をまったく紹介することなく、私を誹謗中傷する松尾氏の発言をあえて編集で入れたことには、私は怒りよりも悲しみを感じた。諸先輩が営々と築き上げてきた大切なＮＨＫニュースが大きく毀損されてしまったことに。

このニュース7は、記者会見の映像の途中に、ＮＨＫが用意したＶＴＲ映像が随所に挿入されている。これは、「事実報道」「客観報道」を旨とするNHKニュースの原則からは完全に逸脱した構成だと言える。東京大学大学院の石田英敬教授はこの点について次のように述べている。

その日に行われた記者会見の様子を「報道する」といいながら、「ニュース報道」とは明らかに異質な構成が持ち込まれたのである。(中略)「ニュース」と「記者会見」が一体化し、報道としての「ニュース」と、報道が伝えるべき出来事であるはずの「記者会見」の区別がなくなってしまっているのである。(中略)

もしも「ニュース」が、それぞれの局の一方的な見解表明や、都合のよい事実の断定を行い、局幹部の発言を延々と放送して、記者会見で使用されたわけでもない映像や図を多用して主張を繰り返す機会となってしまったら、それはもはや「ニュース」とは言えない。「ニュース」が、「プロパガンダ」に近づく――そのような「ニュースの死」を、番組改変問題をめぐる本年一月のNHKニュースの番組構成は示したのである。

(石田英敬「NHKニュースが死んだ日」『論座』二〇〇五年六月号)

「勘ぐれ、お前」

一月一九日に記者会見で「政治的圧力は感じていません」と答えた松尾放送総局長だったが、それが嘘であったことが、後に『月刊現代』に掲載された朝日新聞の本田記者の取材記録から明らかになった。中川氏や安倍氏とのやり取りについて、松尾氏は次のように話していたのである。

本田　「天皇有罪の民間法廷のような番組はやめろ」というのは（右翼の）西村さんの言い分。中川さん、安倍さんの言い分でもあった？

松尾　そこまで強いものではなかった。同席した人がどういう情報を出したか知らないが、「一方的な報道だけはするな」ということを言われた。「客観性をもってものを論じろ」「わかっているだろう、お前。それができないならやめてしまえ」というような言い方はあったと思うが、ただ「やめろ」というのは〔二九日〕夕方の時点では出ていない。

本田　そこにいた議員が話してくれたのは「あれは言いすぎだ」と。「ヤクザだと思った。自民党にはそういう人が多いのか」と思ったと。

松尾　北海道のおじさん〔中川議員をさす〕は凄かったですから。そういう言い方もするし、口の利き方も知らない。どこのヤクザがいるのかと思ったほどだ。（中略）

松尾　先生はなかなか頭がいい。抽象的な言い方で人を攻めてきて、いやな奴だなあと思った要素があった。ストレートに言わない要素が一方であった。「勘ぐれ、お前」みたいな言い方をした部分もある。〔「先生」が誰を指すのかはこの時点でははっきりしないが、この後のやりとりで安倍氏のことだとわかる〕

本田　「天皇有罪の放送するなら予算を通さない」と言った？

松尾　ストレートに言ったかどうか。安倍さんをかばうつもりはないが、ないことを言うのはよくない。要するにあるグループからのご注進で聞かされてるから、「自分としてはご注進が事実とすると心配があるよということを伝えたい」ということがジェスチャー的にあった。

本田　心配な部分というのは？

松尾　右翼が言ってきた民衆法廷のストレートなPR番組ではないかと。その通りなら一方のプロパガンダに乗っかるようなことをNHKはやるのかと。私はそういうつもりはない、バランスをとることは必要だと。

本田　「北海道のおじさん」と言ったが、中川昭一さんのことですよね。

松尾　そうだ。

本田　中川さんは天皇の扱いがそうならこんな放送やめてしまえと松尾さんに言ったんですよね。

松尾　あったかもしれないが、それはコメントとしては絶対にできない。

本田　松尾さんの言葉をクオートするのではないですから。

松尾　そういう雰囲気はあったと僕は言っている。言葉の一つひとつを言われると、僕の記憶にない、本当に。全体の雰囲気として人から聞いたことを真に受けて「注意しろ」と、「俺が目をつけているぞ」「見てるぞ」と。力によるサジェスチョン。それを一方的に与える。要するに「間違っても一方的な攻め方〔プロパカンダの意か〕はしないでほしい」というような形だったね。時間としたら五分くらい。

本田　松尾さんが中川さん、安倍さんに会った後の印象は、下手な番組を出すと今年の予算は相当難航するという印象を受けた？　相手は本気だと？

松尾　それは思わなかった。
本田　ただの脅しと思った？
松尾　脅しとは思ったけど、より公平性、中立性、そういうものにきちっと責任持って作らねばならないという気持ちは持った。相手につけ入るスキを与えてはいけないという緊張感が出てきたのは事実。

（魚住昭「政治介入の決定的証拠」『月刊現代』二〇〇五年九月号）

一月一九日のニュース7には本当に驚愕したが、コンプライアンス推進室から送られてきた「調査報告書」も残念な内容だった。執行部が決めた「政治圧力による番組改変はなかった」という結論ありきの杜撰な調査だと言わざるを得なかった。

まず、調査は、松尾氏、野島氏、伊東氏、永田氏に対してヒアリングを行なう方法により実施したとあるが、どのようなメンバーが行なったのかが書かれていない。NHK職員が行なったのか、外部の弁護士等が含まれていたのかが一切わからない。中川氏にNHK幹部が面談したのは放送後の二月二日だから、「中川氏との関係では倫理違反等の検討を要しない」という。私は「ちょっと待ってほしい」と言いたい。たとえNHK幹部が放送前に面談していなかったとしても（一月二九日に面談の予定が入っていたという説はある）、圧力がなかったことにはならない。中川氏は電話でも、自らが会長を務める議員連盟の他の議員を通じてでも、NHKの記者や国会担当の職員を通じてでも、いくらでも番組への批判を伝えることはできたはずである。むしろ直接面談するほうが希有であろう。

野島氏が東京高裁に提出した陳述書の中で、「なお、結局中川議員はこの日の伊東局長からの説明を受けても納得せず、その後もこの番組に関する批判を続けました」と記している通り、中川氏は二月上旬に開催されたNHK予算案を審査する自民党の部会において、「こんな番組を放送するNHKの予算を通す必要はない」と海老沢会長以下のNHK幹部を激しく批判している。放送前に何も言ってこなかったとは考えられない。

第一、何も言ってきていなかったとすれば、一二月二六日に伊東局長が吉岡部長や永田さんに彼らの編んだ本『歴史教科書への疑問』を見せて、「言ってきているのは中川氏」などと発言するはずがない。

また、安倍氏に放送前の番組の概要を説明したことについて、「業務遂行の範囲内」としている点は、コンプライアンス推進室の見識を疑わざるを得ない。安倍氏の「番組は公正・中立であるべきだ」との発言を、「NHKが不当な政治圧力を受けた根拠とは言えない」としている点は、この面談の直後に、面談した松尾氏と野島氏によって番組の大幅な改変が検討・指示された事実がまったく無視されている。

NHK内部のさまざまな反応

私が内部告発で問おうとしたのは、「NHKと政治との距離」という問題だった。

だが、その後、この問題は「NHKと朝日新聞のバトル」へと論点がすり替えられていってしまったようにいった。かつて「沖縄密約」を報道した毎日新聞の記事が、「外務省機密漏洩事件」にすり替えられていったように。

ＮＨＫは朝日新聞に文書で抗議するとともに、放送（ニュース）を使って朝日新聞を激しく攻撃した。朝日新聞も紙面で反撃したが、ＮＨＫは一月二〇日には、「朝日新聞虚偽報道問題」と断定したニュースを放送した。これには朝日新聞も激しく抗議し、ＮＨＫに訂正と謝罪を求め、法的措置も検討する構えをみせた。マスコミの多くは「ＮＨＫと政治の距離」ではなく、「ＮＨＫと朝日新聞のバトル」というテーマに飛びつき、興味本位の報道を展開した。

安倍氏と中川氏は民放のニュース番組に次々と出演していた。私のところにも民放から出演依頼が来たが、「公益通報者保護法」にもとづいて私がＮＨＫから不利益な扱いを受けないことを重視する弁護士からは、これ以上のメディアへの露出は避けるほうがよいとのアドバイスを受けていた。

まもなく、東京高裁にかかっていた番組改変裁判の結審が延びたという知らせが届いた。

一月二五日には海老沢会長が辞任し、技師長・専務理事だった橋本元一（げんいち）氏が新しい会長に就任した。

二月下旬、私は放送八〇年事務局の職場に復帰した。事務局のメンバーはみなあたたかく迎えてくれた。

しかし、ＮＨＫ職員の反応はさまざまだった。放送センターの廊下の遠くから私の姿を見かけただけで、急に向きを変えて私とすれ違うことすら避けようとする人もいれば、人目をものともせず、職員の往来が多い一階食堂の前で堂々と話しかけてくる報道番組のCP（後に理事）もいた。私も「長井と親しい」と見られることを恐れる職員の気持ちをよくわかっていたので、なるべく人と会わないように、昼食は五階食堂に早めに一人で行って、短時間で済ませるようした。

ある日、いつものように五階食堂で一人で昼食をとっていると、小俣一平さんが通りかかり、「おお、長井ちゃん、久しぶり。なんや、一人で食べてんのか、寂しそうやね。一緒に食べよう」と言って私の前の席に座った。仲良く食事をしている二人の姿を見て、一瞬唖然としたり、たじろぐ人たちが何人もいた。おそらく記者の人たちだろう。彼らの目には、海老沢会長の右腕と見られていた小俣さんと、反海老沢の急先鋒と見られていた長井が一緒に仲良く食事をしている姿は、「複雑怪奇」に映ったのだろう。

私は放送八〇年事務局で、「世界遺産」関連の番組のCPを続けた。私がパイロット番組を制作した世界遺産の番組が、二〇〇五年四月から「探検ロマン世界遺産」という総合テレビの定時番組として放送されることになり、私の本籍である文化・福祉番組部が担当することになった。司会は私が新人時代から親しくしていた三宅民夫アナウンサー。この番組は視聴者の人気を博し、その後、長期にわたって放送されることになる。その後も世界自然遺産や危機遺産の特集番組を担当するなど、予想に反して、私は放送現場を外されなかった。NHKの職員の間にはETV2001問題についてもっと知りたいという声も多く、私は請われると出向いて、あの時、放送現場で何が起こったのかを話した。

法廷で証言する

二〇〇五年一二月一三日、事件の真相究明を続けてきたNHK職員有志は、およそ一年にわたる作業を経て、「ETV2001問題から考えた提言」をNHK理事会に提出した。

「提言」は、「これまで改変についてNHKは、公正でより良い番組をつくるためと言ってきたが、そうではなく政治への過剰反応ではなかったか。事件の教訓として、『政治家と距離を置き、放送の独立を確保すること』『個別の番組の内容に関して、政治家への説明を行わないこと』をNHKの倫理・行動憲章に盛り込むべきである」と指摘していた。

さらに同じ日、NHKの労組である日本放送労働組合のウェブサイトに、放送系列委員長・書記長の名前で、「『ETV2001問題』について 事実関係の整理と検証」というA4用紙で一三頁にわたる詳細な調査結果が掲載された。

私の内部告発によって結審が延びた番組改変事件の裁判は、その後、松尾元総局長、野島元経営企画室担当局長のほか、吉岡さんと永田さん、そして私の証人尋問が行なわれることになり、私は二〇〇五年一二月二一日に法廷で証言した。

私は法廷で放送現場で体験したこと、事件後にNHK幹部から聞き取った政治圧力の実情について詳細に語った。裁判後に出版された『NHK番組改変裁判記録集』（日本評論社、二〇一〇年一二月）を見ると、私の尋問調書（速記録）は五四頁にもわたっているので、相当の長時間だったのだろう。私は、次のように述べている。

ずっと私も葛藤がございました。ＮＨＫの職員ですので、もしかするとＮＨＫにとってマイナスになることを言っていいのだろうかという。ただ、やっぱり私は最終的に判断した理由というのは、もしここで本当のことを言わなかったら、一生私は後悔して生きることになるなというふうに思いました。それで、組織人としては正しくなかったかもしれませんけど、人間として正しく生きようと思いました。（中略）

私はＮＨＫに二〇年近く在籍しております。私を育ててくれたＮＨＫを愛しております。日本において、公共放送は絶対に必要なものだと思っています。ですから、何とかＮＨＫが信頼を回復して、立ち直ってもらいたいと思いますが、今の協会が判断していることというのは、この事件にかかわった政治家を守り、与党との関係さえ良好に維持していれば、視聴者に背を向けても何とかやっていけるというふうな誤った判断を私はしていると思います。ＮＨＫが視聴者の信頼を回復しない限り立ち直れないということははっきりしていると思います。ですから、この問題でＮＨＫがきちんと第三者機関による真相の究明なり検証番組を作って、視聴者に対して説明責任を果たして、わびるべきところはわび、改善するべきところは改善するという姿勢を示さない限り、視聴者の信頼回復など絶対不可能だと思っています。視聴者にうそをつきながら信頼を回復するなどということは私はできないと思っておりますので、そのことをこれからもＮＨＫの中で、我々の仲間や役員たちに向けても、メッセージを出し続けたいと思っております。

長時間の証人尋問を終えて、私はヘトヘトになった。しかし、これで、「女性国際戦犯法廷」で証言した元「慰安婦」の方々や、彼女らの尊厳を回復しようと法廷を企画し、NHKの番組制作に協力してくれた市民団体の方々に対して、番組改変に手を染めてしまった人間としての、最低限の責任を果たすことができたと安堵した。

翌二〇〇六年三月二二日には永田さんが東京高裁の法廷に立った。驚いたことに、最初に行なわれた被告NHKの代理人である喜田村洋一弁護士の尋問で、永田さんが話したかった証言の多くが引き出された。

喜田村弁護士は永田さんが話しやすいように、順序立てて丁寧に質問していった。後に永田さんから聞いたところでは、この日の朝、自分が証言しようとしていることの中身をすべて、喜田村弁護士の事務所にFAXで送っていたのだと言う。永田さんは私の記者会見の翌日（一月一四日）に野島局長と松尾総局長の間で行なわれた「口裏合わせ」についても、「非常にびっくりしたのは、吉岡さんも含めてですけれども、伊東さんと松尾さんが野島さんと四人で集まってのことです。で、政治家の介入がもういろいろ記事なんかで盛んに取り上げられ始めていた時期なんですけれども、松尾さんが安倍さんのところに行ったのは、呼びつけられたのではなくこちらから出向いたことにしようということに、松尾さんと野島さんのやり取りの中でそういうふうになっていったということを吉岡さんから聞きました」と証言した。

自民党議員による国会質問と処罰的人事

翌日の新聞各紙は、この永田さんの「口裏合わせ」の証言について紙面を割いて伝えた。すると三月三〇日、参議院総務委員会のNHK予算案などの審議の際に、自民党の山本順三議員がこの証言を取り上げ、「NHKの公式見解があるにもかかわらず、伝聞にもとづいて裁判の席で証言するとは、ゆゆしき問題だ。NHKのガバナンスが問われる。どのようにケジメをつけるのか」とNHKの橋本元一会長にせまった。山本議員は朝日新聞の対応――すでに本田雅和記者は会員制ウェブサービス「アスパラクラブ」に異動させられていた――を例にあげたうえで私についても言及し、「NHKの対応は後手に回っているのではないか。甘いのではないか」「しっかり内部調査をすすめ、NHKの自浄能力を期待したい」と述べた。すると橋本会長は「証言が伝聞にもとづくということで、根拠がないことについて証言したことに対し、遺憾に思っている。この職員についての人事上のあつかいについては適切に対処したい」と答弁してしまった。

橋本会長の答弁について、複数の市民グループが国会内で記者会見し、「法廷で宣誓し、うそをつけば偽証罪に問われる立場で行なわれた永田証言を、簡単に『事実ではない』と述べてしまった。もっと（司法に）謙虚であるべきだ」「NHKでは、公式見解と異なることを言う職員は処分されるということが分かった。ここまで露骨な政治介入は見たことがない」と批判した。さらに橋本会長に、「政治家の不当な干渉におもねって永田・長井両氏に人事などで不利益な処分を一切しないよう求める」という申し入れ書を送ったことを明らかにした。

しかし、NHKは五月二六日、管理職定期異動人事を発表し、衛星放送局統括担当部長だった永田さんを放送総局ライツ・アーカイブスセンターのエグゼクティブ・ディレクターに、番組制作局教育番組センターのチーフ・プロデューサーだった私を、放送文化研究所主任研究員に異動させることを明らかにした。

NHKはこの異動について、「永田氏には番組制作などの経験を生かしてもらい、長井氏には詳しい知識をもっている中国の放送研究で貢献してもらうのが狙い。処分的な異動ではまったくない」と説明したが、処罰的な人事異動であることは明らかだった。ある程度予想をしていたし、覚悟もしていたが、NHKが再び政治圧力に屈してしまったことが残念だった。

永田さんと私の異動に関して、NHKの上層部でどのような議論がされたかは知る由もないが、研究者志向がある私の研究所異動には配慮が感じられた。私を守ろうとしてくれた幹部がいたのかもしれない。

しかし、末端の管理職でしかなかった私に比べて、局次長級という高い地位にいた永田さんの異動は、「血も涙もない」と感じた。こんなことを言うとアーカイブスで真面目に一生懸命仕事に取り組んでいる職員にはまことに申し訳がないが、ハイビジョンの編集長がアーカイブスの、それも部下もいない職種に異動することは、NHK的には絶対にあり得ない人事だった。NHKの上層部の人間からすれば、局次長級という、将来を約束されたインナーサークルに入っているにもかかわらず、NHKの組織防衛を最優先にせず、裁判で本当のことを証言するなどということは、「NHKの掟に背いた、絶対に許されない行為」だったのだろう。

私が内部告発をしたために、局長や理事としてNHKの将来を担うべき人物だった永田さんをこのような境遇に陥らせてしまったことを、私は申し訳ないと思った。

放送八〇年事務局の事務局長から異動の内示を伝えられた時、私は「放送文化研究所の所長は政治部記者出身ですよね。私がうまくやれるとは思いません」と言うと、事務局長は「大丈夫、所長も次長も替わるから」と言った。六月五日、放送文化研究所に初出勤すると、いろいろな事情が見えてきた。所長は私の本籍である教養番組部の先輩、次長はテレビ五〇年事務局・放送八〇年事務局で一緒に仕事をした編成局の職員に替わっていた。次長はとても良い人で、「長井ちゃん、ここでは何をしていてもよいから、とにかくおとなしくしていてね。記者会見とかは絶対にしないでね」と正直に告げた。彼が上層部にどのように言い含められて研究所に異動してきたのか、手に取るように伝わってきた。私は「NHKという組織はここまでやるのか」と驚くとともに、そんな使命を帯びて異動してきた次長を気の毒に思った。

さらに驚いたのは、私の正式な席が用意されていなかったことだ。研究所では、主任研究員にはパーテーションに囲まれた独立した席があてがわれていた。しかし、私の異動が研究所に伝えられた時、定期異動にともなう席等のレイアウト変更はすでに終了しており、私に主任研究員用の席を用意することができなかったのだという。私は赴任後しばらく、アルバイト・スタッフ席の隣に置かれた机をあてがわれた。私の異動は前所長にとっても青天の霹靂だったようで、それを知った時、前所長は「おい、長井が来るぞ！」と所員たちに触れて回ったと言う。私の異動先は直前まで揉めて決まらなかったか、もしくは直前まで秘匿されたかのどちらかだろう。

こんな経過ではあったが、放送文化研究所の人たちは皆とても優しく、良くしてくれた。私は海外メディア班に配属され、年に一度刊行される『世界の放送』に原稿を書く仕事は課されたが、それ以外は何を調査・研究してもよく、その成果を研究所が発行する『放送研究と調査』という月刊誌に掲載すればよかった。

私はまず、NHKスペシャル『毛沢東とその時代』を制作したときに中国中央新聞紀録電影製片廠とNHKが協定を結んで、NHKアーカイブスに提供された七〇〇本ほどの中国の記録映画を歴史資料として分析し、『放送研究と調査』に論考を書いた。すると東京大学大学院で講義をしてくれないかという話がきた。その当時、中国の記録映画について本格的に研究している人は日本にはいなかったからである。

さらにインターネットの普及というメディア環境の激変の中で、各国の放送局がどのような取り組みをしているかを調査・研究した。二〇〇七年二月には中国中央テレビと中国電影資料館のアーカイブのデジタル化の実情を調べるために中国に出張した。二〇〇八年二月にはヨーロッパの公共放送のインターネット展開を調査するために、フランスとドイツに出張した。その時、すでにイギリス、フランス、ドイツの公共放送はインターネット活用に本格的に乗り出していたし、話を聴いた公共放送の幹部は口を揃えて「公共放送の未来はオンデマンドだ」と言っていた。あれから一七年が経ち、日本ではようやくNHKのインターネット活用を本来業務（必須業務）とする法改正が行なわれようとしている。

NHKの責任を認めた高裁判決

二〇〇七年一月、NHK番組改変裁判の東京高等裁判所の判決がくだされた。判決は次のように事件の性質を指摘した。

（国会議員の発言を）必要以上に重く受け止め、その意図を忖度してできるだけ当たり障りのないような番組にすることを考え試写に臨み、その結果、そのような形へすべく本件番組について直接指示、修正を繰り返して改編が行われたと認められる。

そのうえで、NHKは、「憲法で尊重され保障された編集の権限を濫用し、又は逸脱したものと言わざるを得ず、取材対象者である一審原告らに対する関係においては、放送事業者に保障された放送番組編集の自由の範囲のものであると主張することは到底できないというべきものである」として、NHKなどの損害賠償責任を認めた。

画期的な判決だった。判決は、取材過程を通じて取材対象者が何かしらの期待を抱いたとしても、それによって番組の編集や制作が不当に制限されるものであってはならないとしたうえで、取材対象者が期待を抱くのもやむを得ない特段の事情が認められるときは、取材対象者の番組への期待と信頼は法的に保護されるべきものであり、「問われる戦時性暴力」の制作過程は、この「特段の事情」に該当するとした。判決はいわゆる「期待権」一般を設定して、その事例の一つとして原告の主張を認めたわけではなかったが、判決を伝える新聞の中には、「期待権」が認められると取材に支障が出ると、懸念を示すものもあった。

二〇〇八年六月の最高裁判所の判決は、「(何を、どう放送するかは) 放送事業者の自立的判断にゆだねられている」「(取材協力者の) 期待や信頼は原則として法的保護の対象にならない」として、原告の主張を退け、NHKの編集の自由の優位を認めた。最高裁ではNHKに不利な判決は出ないだろうと、当初から言われていた。まもなく裁判員制度が始まろうとしていた時期であり、最高裁としては国民にこの制度を伝えてもらうためにNHKに協力してもらわなければならなかったからである。

裁判が終わると、今度はBPO(放送倫理・番組向上機構)の放送倫理検証委員会が審議を開始した。そして二〇〇九年四月に、「NHKの番組制作部門の幹部管理職が行った番組放送前の政府高官・与党有力政治家との面談とそれに前後する改編指示、および国会担当局長による制作現場責任者への改編指示という一連の行動について、公共放送NHKにとってもっとも重要な自主・自立を危うくし、NHKに期待と信頼を寄せる視聴者に重大な疑念を抱かせる行為であった、と断定する」との意見書が出された。

意見書はNHKに対し、①放送・制作部門と国会対策部門の分離、②内部的自由の議論、③視聴者へのていねいな説明、を行なうことを求めた。しかし、NHKはこのBPOの意見書に今日までまともに対応していない。

放送文化研究所での日々は充実していたし、港区愛宕山のインテリジェントビルの一六階にある研究所の職場環境は申し分なかったが、私は二〇〇九年二月にＮＨＫを退職した。家庭の事情もあったし、ＮＨＫの職員である限り、大学からの講義依頼や、市民団体などからの講演依頼を自由に受けることができなかったからだ。

私が退職した翌月、永田さんも武蔵大学の教授に就任するために、ＮＨＫを退職した。永田さんには申し訳ないことをしたと思っていただけに、教授になるという話を聞いた時には、自分のことのように嬉しかった。

第3章　再びNHKに関わる

――「かんぽ不正」報道への介入をめぐって

二〇〇九年二月にNHKを退職した私は、ニュースという公共の電波を使って誹謗中傷され、政治圧力によって放送現場から外されたことに深く傷つけられていたので、「もうNHKの問題には関わるまい」と思っていた。

そして、東京大学大学院などいくつかの大学で「中国現代史」「日中関係史」「日中戦争とメディア」などの講義をすることに熱中した。「ドキュメンタリー制作」や「放送史」など、メディアに関する授業を依頼されることもあった。

毎日新聞スクープの衝撃

そんな私がNHK問題に再び取り組むことになったのは、二〇一九年九月二六日の『毎日新聞』の「NHK報道巡り異例『注意』経営委　郵政抗議受け　かんぽ不正　続編延期」という記事を読んだことがきっかけだった。

NHKは二〇一八年四月二四日の「クローズアップ現代＋（プラス）」で、「郵便局が保険を〝押し売り〟⁉　郵便局員たちの告白」を放送し、郵便局員によるかんぽ生命保険の不正販売について伝えていた。さらに八月に続編を放送すべく、七月に情報提供を求める動画をSNSに掲載した。ところが、『毎日新聞』の伝えるところによれば、日本郵政からの抗議が来たため、NHKは動画の掲載を中止し、放送も延期した。さらに一〇月には日本郵政からNHK経営委員会に文書が届く。そして一〇月二三日に開催された経営委員会で石原進経営委員長が上田良一会長を厳重注意したとのことだった。

その後の『毎日新聞』の一連の記事には、日本郵政とNHKの間で交わされた数々の文書や、NHK経営委員会の詳細な議事内容などが次々と登場する。このことは、一連の出来事に憤慨し、告発するNHKの職員、それも理事会や経営委員会に関わることのできる上層部の職員が存在することを示していた。

私はこの『毎日新聞』の記事に大きな衝撃と、非常な危機感を抱いた。

もし、日本郵政からの抗議を受けて経営委員会が会長を厳重注意したことが放送に影響を与えていたとすれば、それはNHKが一番大切にしなければならない「放送の自主・自律」「番組編集の自由」が損なわれたことになる。さらにそれは、「公共放送がかんぽ生命保険の不正販売の被害者を見捨てた」と言われても仕方がない深刻な事態だった。私にはそれは、NHK存亡に関わる大問題であると思われた。

私は「二度とNHKの問題には関わるまい」との考えを改め、この問題についてNHKの関係者などに取材してみることにした。

すると、現場周辺の職員からの情報が得られ、一〇月三〇日放送の金融商品トラブルをテーマとした「クローズアップ現代＋」の中で再び「かんぽ生命保険の不正販売問題」（以下、「かんぽ不正問題」）を取り上げようとしていたが、一〇月二三日の経営委員会での会長厳重注意の二日後の一〇月二五日に、上層部からすべてカットするようにとの指示が出されていたことがわかった。その結果、一〇月三〇日に放送された「クローズアップ現代＋　あなたの資産をどう守る？

超低金利時代の処方箋」に、「かんぽ不正問題」は一切登場しなかったのである。

日本郵政からの抗議で放送延期

経営委員会での会長厳重注意は、放送内容に重大な影響を与えていた。

私が取材して明らかになった事実は以下のような内容である。

二〇一八年四月二四日に放送された先述の「クローズアップ現代＋」は、郵便局による「かんぽ生命保険の不正販売」の実態を他の報道機関に先駆けて伝えるスクープであった。担当したのは制作局（NHKの放送現場には報道局と制作局がある）の経済・社会情報番組部のチームである。

その後も郵便局による不正販売が続いたことから、制作局のチームは八月一〇日に続編を放送することを決め、七月上旬に情報提供を呼びかける「続報　止まらない⁉︎　保険を〝押し売り〟」など、二本の動画を番組のウェブサイトなどに掲載した。

これに対し、日本郵政の側が反撃に出る。

まず、七月一一日付で動画の掲載中止を求める文書をNHK上田良一会長あてに送りつけた。

さらに八月二日には、日本郵政へ取材交渉に訪れた（七月二三日）統括チーフ・プロデューサーの「番組制作と経営が分離しているため、番組制作について会長は関与しない」との発言を問題視し、「NHKの番組制作の編集の最終責任者は会長であることは放送法上明らかであり、理事の立場でもないNHK職員がこのような発言をすることは、NHKにおいてガバナンスが全く効いていないことの証左」と批判する文書を再び上田会長あてに送りつけた。さらに日本郵政の広報から現場に、「一切の取材を拒否する」という連絡が入る。

こうした抗議を主導したのは、日本郵政の鈴木康雄上級副社長である。同氏はNHKを管轄する総務省の元事務次官にほかならない。

NHKの関係者によると、これを受けて八月三日に木田幸紀放送総局長、荒木裕志理事（報道統括）、梅岡宏大型企画開発センター長（「クロ現＋」統括）らが集まり、対応を協議した。その結果、八月一〇日に放送を予定していた続編の放送を延期することを決め、会長に報告して了解を得た。そして、梅岡センター長が日本郵政の広報部長に電話をかけて、放送延期を伝えるとともに、編集権に関するNHKの見解を説明した。この時、NHKの執行部はこれで問題はすべて解決したと考えていた。

放送延期を伝えられた放送現場では、驚きの声があがった。すでに被害者家族・かんぽ生命の元社員・金融の専門家による座談会の収録も終わり、VTRの編集も進んでいたからである。

放送を諦めなかった現場スタッフ

放送現場はその後も「かんぽ不正問題」の取材を継続し、一〇月三〇日に放送しようとしたが、結局は上層部の指示で止めさせられることになる。現場から不満の声が噴出した。これを受けて、日本放送労働組合の放送系列の書記長が聞き取り調査を行ない、『郵便局不適正営業問題』放送延期の経緯」という三頁の文書にまとめた。

それによれば、現場は八月七日に「取材を継続すること」を確認。八月二一日には、日本郵政側への取材が難しいことを踏まえ、「かんぽ不正問題」だけを取り上げるのではなく、金融商品トラブル問題全般にテーマを広げ、その中で「かんぽ不正問題」を扱う方針を決め、一〇月三〇日の放送を目指すことになった。そして、金融機関にアンケートを実施することを決め、日本郵政にも九月一八日付でアンケートを送付した。

これでＮＨＫの現場が放送を諦めていないことを知った日本郵政の鈴木上級副社長は行動を起こす。九月二五日にＮＨＫ経営委員会の森下俊三（しゅんぞう）経営委員長代行（その後、経営委員長）を、森下氏が会長を務める阪神高速道路の東京事務所に訪ねたのである。鈴木氏は、ＮＴＴ西日本社長を務めた森下氏とは旧知の仲だった。鈴木氏からＮＨＫへの不満を聞いた森下氏は、経営委員会あてに文書で申し入れるように促した。

まもなく日本郵政からＮＨＫ経営委員会に「ガバナンス体制を改めて検証し、必要な措置を講じていただきたく、よろしくお願いいたします」とする文書（一〇月五日付）が届く。この文書については一〇月九日に開催されたＮＨＫ経営委員会で情報共有された。

組合作成の文書によれば、この頃から放送現場の雲行きが怪しくなってくる。統括チーフ・プロデューサーから一〇月一〇日に、「座談会と四月の番組内容の再編集にとどめる」との指示があり、一〇月一六日には「座談会も使わない」との指示があった。そしてついに一〇月二五日には、「過去放送も含めて郵便局の画像を出すことや、郵便局に話題を振ることなどをやめる」よう指示されたのである。

放送現場では「なぜ郵便局の問題に触れないのか！」という驚きと怒りの声があがった。この時、放送現場は知る由もなかったが、この直前にNHK経営委員会が会長を「厳重注意」するという異常事態が発生していたのである。

放送取りやめ――郵政に加担するNHK経営委員会

一〇月二三日に開催されたNHK経営委員会で、「郵政三社側にご理解いただける対応ができていないことについて、経営委員会として誠に遺憾」「視聴者目線に立った適切な対応を行う必要があります」などを理由に、上田会長への「厳重注意」が行なわれた。本来ならば外部圧力への防波堤となるべき経営委員会が、日本郵政からのNHK執行部への圧力に加担したのである。

私の取材したNHK関係者によると、一〇月に日本郵政から経営委員会に文書（一〇月五日付）が届き、一〇月九日の経営委員会で情報共有が行なわれた事実は理事などの執行部には伝えられておらず、ほとんどの理事は一〇月二三日の「会長厳重注意」のあとにその事実を初めて知った。さらに、一〇月三〇日に放送予定の「クローズアップ現代＋　あなたの資産をどう守る？　超低金利時代の処方箋」から「かんぽ不正問題」をすべて落とすことになったことも、上層部には報告されていなかったという。

このことから、「かんぽ不正問題」の放送取り止めは、一部の報道局出身の幹部と番組を統括する梅岡宏センター長（報道局出身）が協議して決定し、統括チーフ・プロデューサーを通じて現場に指示したものと考えられる。番組の提案が「金融商品トラブル問題全般」をテーマとしており、放送日時などの編成上の変更をともなわなかったことから、会長や放送総局長の判断を仰ぐこともなく「かんぽ不正問題」の放送は取りやめられたのだ。

NHKの関係者によれば、後に毎日新聞の報道で経営委員会での「会長厳重注意」（一〇月二三日）を知った組合員からは、これが一〇月二五日の「かんぽ生命保険問題」放送中止につながったのではないかとの批判の声があがった。そして組合は経営側との交渉の場で「経営委員長が言ったから放送を取りやめたのだとすれば放送法に違反する」と詰問したが、経営側は「そのような事実はない」と全面否定したという。

NHKの関係者によれば、「厳重注意」の後、上田会長は、執行部の一部が強く反対したにもかかわらず、日本郵政側に「遺憾の意」を伝える文書を提出することにこだわった。その結果、一一月六日に木田放送総局長が鈴木上級副社長のもとに派遣され、統括チーフ・プロデューサーによる「番組制作と経営は分離」との発言は、「NHKの放送法の共通理解と異なり、明らかに説明が不十分で、誠に遺憾です」とする、上田会長名の事実上の謝罪文書を提出したのである。

悲願のインターネット同時配信を前に

なぜ上田会長は、鈴木上級副社長に「遺憾の意」を伝える文書の提出にこだわったのか。それを知る手がかりは、この一〇月から一一月にかけて、NHKの幹部たちの間に、「放送法改正が潰されそうだ」という情報が流れていた点にある。

この年（二〇一八年）の七月一三日、総務省の有識者会議「放送を巡る諸課題に関する検討会」は、NHKのテレビ番組のインターネット常時同時配信について「一定の合理性、妥当性があると認められる」とする「第二次とりまとめ（案）」を作成し、七月から八月に意見募集が実施された。そして、九月二七日に開催された検討会でこの報告書が正式に承認されたことから、一〇月に総務省は放送法改正案作成の準備作業に着手しようとしていた。

一〇月から一一月にかけて、NHKは長年の悲願であるネット常時同時配信が実現できるかどうか、まさに正念場を迎えていたのである。「クローズアップ現代＋」の続編放送をなんとしても阻止したい日本郵政の鈴木上級副社長は、こうした総務省の動きを百も承知の上で、プロデューサーの発言をガバナンス問題にすり替えてNHKに圧力をかけたのである。「ガバナンスの強化」は、NHKにネット常時同時配信を認める条件の一つだったからである。

この時、総務省で有識者会議と放送法改正を担当していたのは鈴木茂樹審議官と山田真貴子情報流通行政局長だった。

鈴木茂樹氏は、かんぽの不正問題をめぐる総務省の日本郵政に対する行政処分の検討状況を鈴木康雄上級副社長に逐一漏らしていたことが発覚し、二〇一九年一二月に高市早苗総務大臣によって事実上更迭された人物である。

山田真貴子氏は、二〇二〇年一〇月二六日に菅義偉首相が「ニュースウオッチ9」に出演した際、有馬嘉男（よしお）キャスターの質問に腹を立て、内閣広報官としてNHKの原聖樹政治部長に電話で抗議したことが、後に週刊誌に報道されている。

総務省を取材しているジャーナリストによれば、総務省内でも、「二人は、鈴木康雄氏がNHKに圧力をかけるのを手助けした」という情報が流れていた。二〇一九年九月に総務大臣に就任した高市早苗氏はこの情報を問題視し、担当部局に二人への聴取を指示した。聴取を受けた二人は完全否定し、茂樹氏は「私は康雄氏とはそれほど深い関係ではない」と述べたという。しかしその数カ月後に情報漏洩が発覚し、実は二人がズブズブの関係であったことが明らかになったのである。

上田会長名の事実上の謝罪文書の提出を受けて、日本郵政から経営委員会に、「執行部に対し、早速に果断な措置を執っていただき篤く御礼申し上げます」「充分意のあるところをお汲み取りいただいたものとして、一応の区切りと考える」とする文書（一一月七日付）が届いた。

その結果、総務省での放送法改正の作業は順調に動き出した。総務省は一一月三〇日、『第二次取りまとめ』を踏まえた対応について」を公表し、翌年の通常国会に放送法改正案を提出する方針を公表した。二〇一九年三月五日の閣議決定を経て放送法改正案は国会に提出され、五月二九日に参議院本会議で可決・成立したのである。この間、NHK執行部は二月にも木田放送総局長を鈴木上級副社長のもとに派遣している。

NHKが日本郵政の圧力に屈した結果、続編がようやく放送されたのは、日本郵政が不正販売を認めた後の、二〇一九年七月三一日（「クローズアップ現代＋　検証一年　郵便局・保険の不適切販売」）となった。当初の放送予定から一一カ月以上が経っていた。その間も被害者は増えつづけていたのである。

この事件は、放送をやめさせようと日本郵政がNHK執行部に加えた圧力に、本来は外部からの圧力の防波堤となるべき経営委員会が加担し、放送が長期にわたって延期されたという前代未聞の出来事であった。

いつでも放送できるだけの材料を持ちながら、それを放送しなかったNHKは、「被害者を見捨てた」と言われても仕方がない。

報道を受けた国会と総務大臣の動き

毎日新聞のスクープは大きな反響を呼び、国会でも取り上げられることになる。

二〇一九年一〇月三日、森下委員長代行が野党合同ヒアリングに呼ばれ、事情を聞かれた。野党議員から「会長厳重注意」をした際の経営委員会の議事録について問われた森下氏は、「議事録は作っていない」と答えた。さらに翌四日の野党合同ヒアリングでは高橋正美（まさみ）監査委員も、「誰がどういう発言をしたかについては何も残っていない」と説明した。野党議員からは、経営委員会の議事録作成と遅滞のない公開を定めた放送法第四一条違反ではないか、という指摘が相次いだ。

この森下発言を問題視した高市早苗総務大臣は、一〇月一一日に衆議院予算委員会で、「この四一条というのは、NHKの経営の透明性を確保する観点から設けられているものですから、NHK経営委員会においては適切にこれを説明し、対応していただきたいと思っております」と批判する。

経営委員会が「議事経過」を公表

高市総務大臣の発言を受けて経営委員会は、二〇一九年一〇月一五日にNHKのウェブサイトに、二〇一八年一〇月九日・一〇月二三日・一一月一三日の三回の経営委員会の「議事経過」を公表する。

一〇月二三日分の記載によれば、まず監査委員会からＮＨＫの対応に組織の危機管理上の瑕疵があったとは認められない旨の報告があり、その後に意見交換が行なわれている。そして、委員の名前を伏せた形で「経営委員会は番組にタッチできないが、ガバナンスの問題があれば、職務上正す必要がある」「今回の職員の発言には、見逃してはいけない問題が含まれている」「一職員の発言を、ガバナンスの問題にまで結びつけて本当によいのか」「会長としてきちんとした対応をしていれば済んだかもしれないが、結果はそうなっていない」といった意見が出たとされる。その後、石原進経営委員長から上田良一会長に対して「当委員会は、会長に対し、必要な措置を講ずるよう厳しく伝え、注意することとします」と口頭での申し入れが行なわれた。これに対して上田会長は、「現場が十分対応し、すべて終わったものと理解していた」「監査委員会は、対応に瑕疵がなかったと判断している」と反論する。

だが、公表されたこれらの文書はあくまでも「議事経過」の概要でしかなく、議事録といえるような内容ではなかった。

番組のウェブサイトに掲載された説明

二〇一九年一〇月一八日にＮＨＫは「クローズアップ現代＋」の番組ウェブサイトに、「大型企画開発センター」の名で「かんぽ生命の保険をめぐる番組制作について」という文章を掲載し、

「動画の更新作業や取材継続の判断は、去年の七月から八月にかけて行われたものです。したがって、経営委員会による会長への厳重注意が番組の取材や制作に影響したことは時系列からみてもありえません」「あくまでも私たちの編集判断のもと、放送時期や内容を決定」「放送の自主・自律や番組編集の自由が損なわれたかのような外部の報道は、事実と異なります」と主張した。

ここでは一〇月三〇日放送の「クローズアップ現代＋　あなたの資産をどう守る？　低金利時代の処方箋」で、放送現場が「かんぽ不正問題」を放送しようとしていた事実、それが「会長厳重注意」（一〇月二三日）直後の一〇月二五日にすべてカットされた事実は、完全に隠されている。

そしてNHKはこの事実を頑なに否定しつづけている。もし経営委員会での「会長厳重注意」によって放送内容が変更されたとすれば、それは明らかに放送法に違反する行為であり、NHKの放送の自主・自律と番組編集の自由が損なわれた出来事ということになるからである。

二〇一九年一一月七日、衆議院総務委員会で石原進経営委員長は、「公表、非公表にかかわらず、議事録は作成しております。非公表部分についても、公表する形で整理、精査されたものではありませんが、議事の経過を記録した議事録は存在します」と答弁し、野党合同ヒアリングで「議事録は作っていない」とした森下委員長代行の説明を訂正した。

森下氏の経営委員長就任

二〇一九年一二月九日、石原経営委員長は、翌二〇二〇年一月二四日に退任する上田会長の後任に、前田晃伸（てるのぶ）氏（元みずほフィナンシャルグループ会長）が就任することを発表した。そして上田会長について「ガバナンスなどの面で問題があるとの意見があった」と述べた。経営委員会で厳重注意を受けたことが、上田会長の一期三年での退任につながったのだ。

さらに驚いたことに、二〇一九年一二月二四日の経営委員会では森下俊三氏が次期経営委員長に選出された。放送法に違反した疑いがあることをメディアや国会でたびたび追及された人物を、経営委員会委員長に選んだのである。

二〇二〇年二月二七日、『毎日新聞』は「情報公開請求に対し、NHKは厳重注意を決定した際の経営委議事録の全面開示を拒んだ」と報道する。記事によれば、NHKに毎日新聞が四件の文書開示を求めたが、NHKは二件を不開示、残り二件を一部開示としたという。

さらに『毎日新聞』は同年三月二日の一面トップで、「番組の作り方に問題」「NHK経営委員長　前会長を批判」と報道する。記事によれば、当時委員長代行だった森下氏が、経営委員会において「今回の番組の取材は稚拙」「番組の作り方に問題がある」「郵政側が納得していないのは、本当は取材内容だ」などと発言したという。

衆議院総務委員会に参考人として出席した森下委員長は、報道された発言内容について、「いろいろと自由な意見交換をする中での言葉だったと思う」と認め、「具体的な制作手法について指示したものではない」と述べたが、議事録の公開は拒んだ。この森下発言に対して高市総務大臣は三月六日の記者会見で「疑義を持たれた以上、より透明性を持った情報公開をしてほしい」と批判する。

「経営委員会での対応の経緯について」の公表

高市総務大臣による批判を受けて、二〇二〇年三月二四日に経営委員会は「郵政三社からの申し入れに関する経営委員会での対応の経緯について」という文書を公表する。この文書には、二〇一八年一〇月五日付の郵政三社連名のNHK経営委員会宛の書状が掲載されていた。

書状の内容は、番組CPの「番組制作について会長は関与しない」との説明をことさら問題視し、「ガバナンス体制を改めて検証し、必要な措置を講じていただきたく、よろしくお願いいたします」というものだった。しかし会議でのやり取りについての記載は、前年の一〇月一五日に公表された「議事経過」とそれほど変わらないものだった。

議事録を公表しないことについては、「非公表の前提を覆すことになり、今後の経営委員会の運営に支障をきたすことが考えられる」ためと説明した。また、毎日新聞の「経営委員長が番組内容に介入」との報道に対しては、書状に記載されている経緯や状況について確認するために、番組やSNS動画について「意見や感想を述べ合ったもの」「あくまでガバナンスの問題として検討、対応したもの」だと反論した。そして最後に、「経営委員が番組編集に介入したのではないかという疑念をもたれてしまったことについては深く反省しています」と記された。

森下委員長は三月二四日、報道陣の「より詳細な議事録を公開する考えはないか」との質問に対し、「文書はポイントを出しており、十分だ」と答えた。

ＮＨＫ情報公開・個人情報保護審議委員会の第一回答申

しかし、経営委員会はこの問題に関してさらなる対応を迫られることになる。

二〇二〇年五月二二日、ＮＨＫ情報公開・個人情報保護審議委員会（以下、審議委員会）が、経営委員会の会長厳重注意に関連する三回（二〇一八年一〇月九日・一〇月二三日・一一月一三日）の議事録を「開示すべきである」との答申を出したのだ。

ＮＨＫは、「ＮＨＫの事業に関する情報であって、開示することによりＮＨＫの事業活動に支障を及ぼすおそれがあるため、ＮＨＫ情報公開規程八条一項一号に該当し、いずれも開示することができない」と不開示を決めていた。これに対し視聴者より再検討の求めがあったことを受けて、審議委員会が再検討を行なったのだ。

ＮＨＫ情報公開規程八条一項一号とは、「争訟、交渉、契約、調査、研究、人事、労務、経理その他の事務または事業に関する情報であって、開示することにより、ＮＨＫの権利利益、地位もしくは事業活動に支障を及ぼすおそれがあるもの、また特定の者に利益もしくは不利益を及ぼすおそれがあるもの」であり、第二号とは、「ＮＨＫ内の審議、検討または協議に関する情報であって、開示することにより、その審議、検討または協議が円滑に行われることを阻害するおそれがあるもの」というものである。

これに対して審議委員会の答申は、「経営委員会議事録については、放送法四一条が、ＮＨＫ経営の透明性確保のため作成及びその公表を義務づけており、例外的に非公表の取扱いを認めているものであるが、これには個人情報や企業の機密情報等が含まれている場合に公表することによって第三者に不測の損害を生じさせるおそれがあるためとするのが立法趣旨とされている」「本件文書の中には不開示とすべき個人情報、企業機密情報等の存在は認められない」「特に、NHK会長に係るガバナンスの問題というような重要な運営上の問題について、各委員がどのような意見を持ち、どのような議論が行われ、どのような結論に達したのかについては、より強く透明性が求められることは論をまたない。少なくとも、本件を、議事録非公表の場でなければ各経営委員が率直な意見が言えないような類の問題と位置づけるべきものではない」「本件議事録を公開したとしてもNHKの事業活動に支障を及ぼすおそれがあるとは言い難い」と指摘し、「NHKの見解は肯定できない」とした。

この答申を受けて、経営委員会では二〇二〇年六月九日の会議で議論が行なわれた。

NHKのウェブサイトに公表された議事録によれば森下委員長は、「開示するということは、今まで非公表の前提で議論していたものを出すという前例をつくってしまうことになるわけです」「議事録は非公表を前提にしたので、後になってひっくり返すというのは、今後を考えると自由な意見交換ができないということが起きてきます」と、開示に否定的な意見を述べた。

これに対し佐藤友美子委員が、「問題なのは、審議委員会の答申では、そもそもNHKの経営委員はもっと情報公開したほうがよいのではないか、非公表にすべきではなかったのではないかといったニュアンスが読めることです。結局、非公表での議論が否定されてしまっていると見たほうがよいのではないかと思います」との意見を述べる。

すると森下委員長は、「私がまず一番思うのは、どう切ったとしても、非公表を前提にしたものを一度出すと、もう今後は非公表の議論ができないということを覚悟しないといけないということです。そのときはこのような理由で非公表にしましたといっても、後から状況が変わって公表するようにと言われると、どうしようもなくなります」と、審議委員会の答申で明確に否定された理由を繰り返して反対した。

こうした姿勢は、二週間後の六月二三日の会議でも変わらなかった。森下委員長は、「ルールに従って行っていたところをひっくり返されると、ルールそのものが否定されるという話になり、経営委員会としては非常によくないと思うのです。だから、私はルールどおりに行うということは守りたいと思います。一度このようなことがあると、何かあって非公表そのものがひっくり返されると、議論が成り立たなくなります」と述べた。

続く七月七日の会議では佐藤委員が、「審議委員会というオーソライズされた組織が出した答申に反対した事例は、今までないということです。その答申を経営委員会として否定するということは、非常によろしくないと思っています。議事録をできれば一部と言わずに公表するほうがよいと思います」と、開示を強く求める。

しかしこの意見に対しても森下委員長は、「このようなことがあったからと過去のものを出してしまうと、もう非公表の議論そのものが成り立たなくなります。何か理由があって公表せよと言われたときに仕組みとして断れなくなるということなので、今後についてはいろいろと議論があるとしても、過去のものを公表することはおかしいのではないかという議論を今までしてきました」と、あくまでも開示に反対する姿勢を崩さなかった。

そして森下委員長は、「議事録はすべて整理・精査をしてから公表していますが、非公表の部分についてはこれまで整理を行っていませんので、もし開示するなら整理をしてからということになります」と述べたうえで採決を行なう。

森下委員長　公表されている議事録のように個々の発言の形で整理したほうがよいという方はいらっしゃいますか。

佐藤委員　いつもの議事録のように。（挙手）

森下委員長　佐藤委員ですね。

村田代行　今おっしゃっているのは、いつもの議事録のように全部を出すということですね。

森下委員長　はい。整理して出すということです。

佐藤委員　整理してというのは。

村田代行　若干の字句の修正は行いながら、ということですね。

森下委員長　そういうことでしょう。将来、非公表で議論したものを出せと言われたら歯止めが効かないということは、非公表の議論はもうできないと考えないといけません。その案と、非公表だけれど出して説明責任を果たすために、そのものではなく整理した形で出しましょうというのと二つです。では、一つ目の案は佐藤委員一人です。あとは、整理した形で出そうというのがほかの皆さまでよろしいでしょうか。（一同挙手）

この議事録によれば七月七日の経営委員会では「整理した形で出す」ことが決められたのであり、「整理」の意味は「若干の字句の修正は行いながら」ということになる。

経営委員会が議事録に追記して公表

しかしその後、この二〇二〇年七月七日の決定は完全に反古にされてしまう。

七月二一日の会議では経営委員会事務局が作成した「開示する資料八点」が示されたが、それは「若干の字句の修正」などというものではなく、要約にすぎない内容だった。これに佐藤委員が反対し、採決を棄権する。

そしてこの七月二一日の経営委員会で決定された新たに開示する資料は、開示を求めた視聴者に開示されるとともに、七月三一日には、すでに公表されていた二〇一八年一〇月九日・一〇月二三日・一一月一三日の議事録に追記されるかたちで、NHKウェブサイト上に公表された。その資料は三月二四日に公表した「経営委員会での対応の経緯について」の文書の内容を加えるなどしただけのもので、五月二二日に出された審議委員会の答申に誠実に応えた内容ではなかった。経営委員会は審議委員会の答申を無視したのである。

『毎日新聞』は七月三〇日、「NHK経営委、議事録を実質公開せず『事実上の答申破り』かんぽ不正報道」という記事を掲載し、経営委員会の対応を厳しく批判した。

第4章

情報開示を拒むNHK

森下経営委員長の罷免を求める活動に参加

議事録の開示を拒みつづける森下委員長の対応は、ＮＨＫに対する視聴者の信頼を損なう深刻な問題だった。私は一刻も早く森下委員長を辞めさせ、議事録を開示させなければＮＨＫが大変なことになると危機感を抱いた。

そして、醍醐聰・東京大学名誉教授が中心となって進めていた森下俊三氏の経営委員罷免を求める請願運動に参加した。二〇二〇年一〇月二六日に衆議院第一議員会館の会議室で集会を開き、森下委員長の罷免などを求めた衆参両院議長宛の請願書（世話人三九名が呼びかけ、二二〇〇名余りの連名）を、紹介議員となる衆参両院の野党議員に手渡した。これまで私は市民グループの活動にはあまり積極的に関わってこなかったが、この時初めて主催者側の席に座り、取材で明らかになった「ＮＨＫ経営委員会における『会長厳重注意』と『かんぽ不正販売』を取り上げた『クローズアップ現代＋』の放送延期問題の経緯」について説明した。

さらに一一月一〇日には、「放送を語る会」事務局長の小滝一志さんの要請を受けて、ＮＨＫ西口前での「森下俊三経営委員長の辞任を求める」街宣活動に参加し、マイクを握って問題の経緯を話すとともに、森下氏の辞任を強く訴えた。

ところが翌年の一月になると、新聞紙面に「森下経営委員長続投へ　政府が人事案　ＮＨＫ経営委」という見出しが出た。私は「政府がこれだけ多くの問題を指摘されている人物を経営委員に再任することはない、任期満了となれば退任させるだろう」と楽観的に考えていたので、この新聞報道には愕然とした。

そして市民グループが出した「日本郵政がNHKに圧力を加えるのに加担し、放送法に違反した森下俊三氏が、NHK経営委員に再任されることに断固反対します！」というアピールの賛同者名簿に名を連ねた。

そして、この市民グループが一月二九日に衆議院第一議員会館の会議室で開いた記者会見でも経緯を説明するとともに、NHK現役の職員から寄せられた「かんぽ問題では、被害者救済という確固たる目的を持って取材を重ね、放送も決まっていたにもかかわらず、介入により放送が実現しませんでした。そのショックは大きく、職員の中にトラウマとして蓄積しています」などのメッセージを読み上げた。

こうした市民グループの活動もあって多くの野党議員は反対したが、森下氏のNHK経営委員再任人事案は、与党の賛成多数で同意されてしまう。

二度目の答申

森下氏が経営委員長に再任された直後の二〇二一年二月四日、NHK情報公開・個人情報保護審議委員会の二度目の答申が出される。

視聴者より、「開示された文書は審議委員会の第一回答申で指摘された、やりとりを逐語的に記録したものとは異なり、一部のみの不完全な開示である」として再検討の求めがあり、審議委員会は再検討を行なった。その結果、再度「開示すべきである」という答申が出たのである。

審議委員会は、情報公開制度の趣旨と開示のあり方について、次のように述べた。

「追記により開示内容の範囲が拡大されたものの、そこにおいて要約された文書は開示の求めの対象文書との同一性を失ったものである。そもそも情報公開制度というのは、対象文書をありのままに見せることを当然の大前提としており、不開示事由がある場合には、全部又は一部を黒塗りするなどして当該求めに回答するものである。すなわち、公開制度の対象となる機関自らが対象文書に手を加えることは制度上予定されていないことであり、それは対象文書の改ざんというそしりを受けかねない危険をはらむものである」

答申の最後には、「経営委員会におかれては、NHKが『公共放送として自主自律を堅持』するよう配慮し、あえてNHKを独立行政法人等情報公開法の対象法人に含めなかった立法の経緯およびこれを受けてNHKが独自の情報公開制度を策定した経緯を真摯に受け止め、本件開示の求めに対応されることを切に望むものである」と記されている。

二度目の答申を受けての経営委員会での議論

この答申を受けて二〇二一年二月二四日に開かれた経営委員会で議論が行なわれる。

佐藤友美子委員は、「今回の情報公開・個人情報保護審議委員会の答申をじっくり読んで、非常に納得できるところがありました」「私は次回からいなくなりますが、ここでまた公開しない、ノーという選択は非常にハードルが高いと思います。やはり会長に対して注意するということは、基本的にオープンにすべき情報であったということもあると思うので、それも鑑みて、公開したらよいのではないかと思います」と強く開示を求める。

しかし、ここに至っても森下委員長は、「非公表のものはちゃんと基準をつくって非公表にしてきており、後から言われても、それは難しいのではないか。一方で、中身については説明責任があるので、それはきちんと説明するようにしましょうというのが今までのスタンス」「非公表は内規に基づくものだからと言い出すと、すべてを出さざるを得なくなる」と、答申で明確に否定された従来の主張をまたも繰り返したのである。

こうした主張に対して、ただ一人の常勤の経営委員で監査委員をかねる高橋正美委員が、「今回二度目の答申が出てきたときに、NHK全体として、執行部と経営委員会が同じように断れますかというのは、当然、これからしっかりと考えなければいけない」と、二度目の答申を断ることとは難しいことを伝える。

こうした議論は次の三月九日の経営委員会でも続く。

森下委員長が、「私どもは従来、非公表のものは原則的に出さないということを死守してきている」「もし出す場合は、どういう形で出すかということを事務局に整理させていますが、いずれにしても私どもは情報の開示はしています」と述べたのに対し高橋委員（監査委員）は、「執行部側が取らなくてはいけない対応と、経営委員会として取るべき内容が違う方向になったときに、NHK自体がどう見られるかという話になります」と、答申を遵守するよう促した。

しかし森下委員長は、「われわれとしては、内容よりも、非公表のものを出すということが問題であり、今後に禍根を残すことになる。非公表の議論ができなくなってしまうということで、筋を通してきている」と受け入れなかった。

市民の提訴方針に危機感を強めるＮＨＫ執行部

経営委員会が審議委員会の二度目の答申に従おうとしないことに業を煮やした醍醐聰東京大学名誉教授を中心とする市民グループは、「ＮＨＫ経営委員会の議事録全面開示を求める会」を結成した。私もメンバーに加わった。そして、二〇二一年三月一七日に衆議院第一議員会館で集会を開き、「今後われわれ市民自身がＮＨＫに開示請求し、不開示の場合は開示を求める民事訴訟を起こす方針」を表明する。市民グループは「すでに二度にわたり開示を促す答申が出ているのに開示しないのは明らかに不当」だとし、提訴する場合は「違法な不開示に対する精神的損害」として慰謝料も請求することを明らかにした。

こうした動きに危機感を強めたＮＨＫの前田晃伸会長は、三月二二日に開催された衆議院総務委員会で、「(審議委員会の答申を）尊重する責任は、今回の件については会長と経営委員長、両方が負っているものと考えております」「経営委員会がこの答申を尊重すると言っておりますので、そこの結果を見たいと思います。尊重しないということであれば、別のことを考える必要があると思います」と答弁した。

さらに前田会長は四月一日の定例記者会見で、記者の問いかけに対し、再度の答申についても「重く受け止めております」としたうえで、「経営委員会は、審議委員会の答申を尊重するとお話しされていますので、経営委員会の判断を注視してまいりたいと思います」と答えた。さらに記者から国会答弁での「別のこと」という言葉の意味を問われた前田会長は、「別のことと言った意味は、NHK情報公開・個人情報保護審議委員会というのは、第三者の方の組織でありますが、経営委員会が承認をした委員会です。その審議委員会と経営委員会が違う判断をすることになりますと、自己矛盾が発生しますので、放置できない」「経営委員会と審議委員会が違うことを言われると困りますので、同じNHKの組織でもありますので、自己矛盾しないようにしなければならないということを申し上げたわけです」と述べた。

だが、この時期にも森下委員長は経営委員会で、「非公表を前提に議論しているのに、今さらそれを出せと言われると、非公表を前提で議論している当時の委員の人の信頼を裏切ることになりますから、それはできませんというのがあります」（三月二三日）、「そのときに勘違いして間違ったことを言っている場合もありますから、それは議事録を整理するときに間違いを訂正していくので、そういう意味では、粗起こししたものをそのまま開示というのは、やはり少し乱暴なことだと思います」（四月二〇日）などと、答申に従うことに後ろ向きの発言を繰り返していた。

動き出したNHK監査委員会

NHK執行部が抱く危機意識と呼応するように、NHK監査委員会が活発に動き出す。

二〇二一年五月一一日の経営委員会で森下委員長が、「対象文書を出すのが情報公開制度であり、不開示のときは全部黒塗りにするか、一部黒塗りにして出してください、これが制度だと言われているわけです」「すでに議事経過で説明している部分だけは開示するが、そのほかのところは開示しないという案が一つあります。もう一つは、全部黒塗りにしてしまうという案です」と説明すると、高橋委員（監査委員）は、「本件については、監査委員会でもいろいろなケースを考え、弁護士と検討してきました。監査委員会としては、経営委員会が今回の件に関して、NHK情報公開・個人情報保護審議委員会の答申と異なる議決をする場合、NHKの定款に違反する恐れがあるという結論に至っています。そうした決定が行われますと監査委員会としては、本件について放送法第四四条にのっとり、当該議決の違法性あるいは妥当性について調査を行う可能性があります。その際にはヒアリングを行い、その調査結果を公表することになります」と述べた。

しかし、なおも森下委員長は、「きょう七名の方、過半数の方が一部開示で、要するに不開示だけど、過去に議事経過を公表しているので、そこだけは黒塗りにせず残すという形でどうかというご意見をいただきましたので、その形でこれから整理してまいりたいと思います」と、マスキングすることで一部開示する方向に議論を持っていこうとする。

これに危機感を強めた監査委員会は、五月二五日の経営委員会でさらに強い行動に出る。

森下委員長が、「議事経過を今まで説明してきましたので、議事経過に該当する部分は開示するということです」と説明すると高橋委員（監査委員）は、「審議委員会の答申はもう出てしまっていますので、NHKが決めた一連のルールに従った議論がなされ、もう結論は出ているという見方をすべき」「ここがおかしい、あそこがおかしいというのは、もう答申が出たあとなので、それを覆すのは非常に難しいです」「情報公開規程の中には『審議委員会の出した答申を尊重する』というのがあり、尊重違反になってしまう可能性があるということです。今こういう形で議論が進められていますが、そもそも第八条第一項第一号および第二号に関連して出せないということそのものを審議委員会が否定しているとなると、また別の理由が必要になってきてしまいます。そういう判断をせざるを得ないとなると定款に違反する恐れがあるとなります」と述べ、答申に従うことを強く求めた。

それでも森下委員長は、「第八条第一項第一号、第二号で定めていることが全部だめ、基本的に非公表は全部だめということになると少し極端過ぎます」と抵抗し、結論は出なかった。

六月八日の経営委員会で高橋委員は、「現在、経営委員会で議論・検討されている議事録にマスキングすることで一部開示とする案については、監査委員会において弁護士の意見を取っています。その意見を踏まえると、NHK情報公開・個人情報保護審議委員会の答申を尊重したと認めることは、非常に難しいという判断をしています」「経営委員会が情報公開規程を遵守しないと認められる、あるいは合理的な理由・根拠を説明しないまま、審議委員会の答申と異なる判断を行ったと認められることになりますと、今申し上げました理由から、われわれはその行為そのものが定款に違反するおそれがあると考えられます。そして放送法の第六〇条の二では、『役員は、法令及び定款並びに経営委員会の議決を尊重し、協会のため忠実にその職務を行わなければならない』となっており、役員の忠実義務が定められ、役員にはわれわれも含まれています。もしも定款に違反するというふうに認められることになりますと、放送法第六〇条の二、放送法違反とみなされるおそれがあるという論拠になります」と、初めて「放送法違反とみなされるおそれがある」と述べ、再度、答申に従うように要求した。

ここに至って森下経営委員長もついに観念し、「それでは、きょうの合意としては、全面開示するという方向でとりあえず整理するということで決めておきたいと思います」と、ようやく全面開示の方針を受け入れた。

市民グループが東京地裁に提訴

しかし、森下委員長の執拗な抵抗により、経営委員会による「全面開示」の最終判断は、審議委員会の二度目の答申が出てから四カ月以上を経ても下されなかった。その間、NHK情報公開・個人情報保護センターから市民グループの開示請求人に対しては、「文書開示判断期間延長のご連絡」が毎月送られてきた。理由は「開示・不開示等の判断に今しばらく時間を要するため」というものだった。

そしてついに二〇二一年六月一四日、市民グループ「NHK経営委員会の議事録全面開示を求める会」は、議事録などの全面開示と、開示延期による精神的損害の慰謝料を求めて、NHKと森下経営委員長を東京地裁に提訴した。原告には一〇〇名余りの人々が名を連ねた。その多くはこれまで日本の各地でNHKとメディアの問題に取り組んで来た市民団体のメンバー、学者やメディアの関係者、元NHK職員などであった。原告団長には醍醐聰東京大学名誉教授が、原告団事務局長は私が就任することとなった。原告弁護団には澤藤統一郎・澤藤大河・佐藤真理・杉浦ひとみの各弁護士が手弁当で加わってくれた。市民からのカンパだけが頼りの、長い裁判闘争の始まりであった（訴訟の経過、とりわけ森下氏の証人尋問での応答については本書第九章で詳述する）。

ようやく「開示」を決めた経営委員会

私たち市民グループによる提訴後の六月二二日の経営委員会で、ようやく議事録開示の採決が行なわれた。結果は、委員長一任も含め、最終的に賛成一一、棄権一で、「ＮＨＫ情報公開・個人情報保護審議委員会の答申に対応」するとして、二〇一八年一〇月九日、一〇月二三日、一一月一三日に開かれた経営委員会の非公表部分の議事録を開示することが決定された。しかし森下委員長は、「これはあくまでも議事録ではなくて、議事の経過を記録したものという整理です。だから、すでに公表している議事録を変えるつもりはありません」と述べた。つまり、これらの文書を正式の議事録とは認めないので、公表（ＮＨＫのウェブサイトに掲載）しない意向を示したのである。

これを受けて、七月九日に開示請求人に対し開示された文書には、「別紙」が付けられ、「経営委員会の議事録は放送法第四一条に基づいて作成していますが、対象文書は、整理、精査されていない粗起こしのものです。通常、議事録は経営委員会において内容を確認したうえで、委員長または委員長職務代行者および監査委員会が選定する監査委員一人が署名するという公表のプロセスを経ていますが、対象文書は、公表する議事録とは異なり、内部での作成の過程に位置づけられる資料であり、整理、精査されたものではなく、経営委員会での確認を経ていないものです」

と説明した。そして現在もこの議事録はＮＨＫウェブサイトには公表されていないのである。

開示文書によって明らかになった違法行為

開示された五〇頁にも及ぶ長文の文書によって、委員たちが番組内容を問題視する日本郵政の抗議の意図に気づき、その問題性を認識する一方で、石原委員長と森下委員長代行が問題を「ガバナンス」にすり替えて、会長厳重注意の方向に議論を強引に誘導していた事実が明らかになった。

また、森下氏が、経営委員が個別の放送番組の編集にかかわることを禁じた放送法第三二条に違反し、番組内容や取材方法に介入する発言を繰り返していた事実も明らかになった。

二〇一八年一〇月九日の経営委員会で森下委員長代行は、「公共メディアということを標榜している限りは、一番大事なのは情報の信頼性というか、報道の正確性なので、そういった意味で一方的な意見だけが出てくるという番組はいかがなものか。だから、ここで言われているガバナンス体制の話があるので、やっぱり経営委員会として議論すべきなのは、こういうケースをベースにしてきちんと報道の信頼性、いわゆる言論だったら言論は、ある程度、立場があって意見が分かれてもいいんだけれども、そこをしっかり踏まえたつくり方をすべきだというのは、公共メディアとして基準みたいなものを、経営委員会として議論してきちっと執行部に言わなければいけないんだろうと」「ぜひ経営委員会で公共メディアとして放送の基準とはどうあるべきなのか、どういう番組のつくり方をやるべきなのか、取材はどういうふうにきちんとやるべきなのか、一度そういうところを執行部と議論をして、しっかりした枠組みをつくるという、そういう意思を表明することが、この郵政に対する回答にもなるというのが私の意見です」と述べている。

森下氏はガバナンス問題としてであれば、経営委員会は「番組のつくり方」「取材の仕方」がどうあるべきかを議論してもかまわないとし、さらには、経営委員会と執行部で議論して「公共メディアとしての放送の基準＝枠組み」をつくっていくべきだとまで発言している。森下委員長代行の意見に従えば、経営委員会は「ガバナンスの問題だ」といえば、いくらでも個別の放送番組の編集にかかわることができることになってしまう。

森下委員長代行はこうした考えにもとづいて、二〇一八年一〇月二三日に開催された経営委員会において、露骨に個別の放送番組の編集にかかわる発言を繰り返す。

「二点ありまして、一つは、今回の番組は取材も含めて、極めて稚拙といいますかね。さっき、取材が正しいと言う話もあったけれど、取材はほとんどしていないです。四月の番組を見たときというのは、これはSNS、いわゆるインターネットで出てきたものを自分たちでストーリーをつくって映像を流して、また、それで意見をもらってということで、今度は郵政の幹部をインタビューしているだけなんですね。実際、現場へ行っていないんです。そのインタビューしたものを一部だけ捉えているから、全く詐欺行為だとか、自分たちに合うようなストーリーで言葉をとっているわけですよ。それで郵政の連中が怒っちゃったわけです」「結局ね、この番組の取材も含めて、要するに、僕は今回、極めてつくり方に問題があると思うんだ」

こうした森下委員長代行の発言に対し上田良一会長は、「個別番組に絡むような形でのガバナンスということになりますと、私のほうとしてもなかなか対応が、実際やる、やらないは別です。

外に向かってそういうことをやりますというようなことを宣言するのは非常に難しくなってくる」と反論した。

すると、森下委員長代行から本音が飛び出す。

「本当は彼らの気持ちは納得していないのは取材の内容なんです。こちらに納得していないから、経営委員会に言ってくるためにはこのポイントしか、経営委員会は番組のことは扱わないのでこう言ってきているけども。本質的にはそこで、本当は彼らの不満感を持っているということなんですよね」

日本郵政からの抗議の本質はガバナンス問題ではないと、自ら白状しているのだ。この発言に危機感を抱いた上田会長は、強い言葉で抵抗する。

「これは私の問題というよりも、NHK全体というか、経営委員会も含めて非常に大きな問題になる」「いろいろなところに情報がぱっと出ていってしまったときに、いや、実はこういうことになったら、これはもうNHKとしては本当に存亡の危機に立たされることになりかねない」

こうした森下代行と上田会長のやりとりを目の当たりにした村田晃嗣委員は、「森下代行が言われたように、やっぱり彼らの本来の不満は内容にあって、内容については突けないから、その手続論の小さな瑕疵のことで攻めてきている」と発言し、日本郵政の抗議の本当の目的はガバナンス問題などではなく、放送番組の内容への抗議にあるという認識を示している。

開示された文書から明らかになった事実は、経営委員会による上田会長への「厳重注意」というものの実態が、放送法第三二条「委員は……個別の放送番組の編集その他の協会の業務を遂行することが出来ない」という規定に違反するものであったということだ。

そして、その事実を隠蔽するためにこそ、森下経営委員長は、NHK情報公開・個人情報保護審議委員会から二回にわたって「開示すべき」との明確な答申が出されていたにもかかわらず、一三カ月間にわたってそれを拒みつづけたのだ。

さらに、開示された文書は正式な議事録ではないとして、現在もなおウェブサイトなどでの公表を拒み続けている。これらは、放送法第四一条「委員長は、経営委員会の終了後、遅滞なく、経営委員会の定めるところにより、その議事録を作成し、これを公表しなければならない」という規定に明確に違反する行為である。

第5章

頻発する異常事態

前田会長時代のＮＨＫ

前田晃伸氏の会長就任

二〇二〇年一月、上田良一会長に代わって、みずほフィナンシャルグループ元会長の前田晃伸氏が新たなNHK会長に就任する。

前田会長の時代は、NHKにとってまさに異常事態が続いた三年間だった。

現場では次々に理不尽な事態が発生し、私のもとには現役の職員から悲鳴のような声が次々と届けられた。私は外に直接発信することができない職員に代わって、NHKで起こっている異常事態を新聞・雑誌・SNSなどで発信しつづけた。

NHK関係者の間では、前田会長の就任時から、「官邸から、徹底的な改革をして経費を削減してほしい、と言われたらしい」「これまでの会長と異なり、本気で『改革』をやりそうだ」「ある意味での〝本物〟が官邸から送りこまれた」という情報が広まった。前田新会長が何をするのか、職員の間に不安と疑心が広がった。

前田会長の着任から八カ月後の二〇二〇年九月、菅義偉氏が総理大臣に就任する。菅内閣は携帯料金とNHK受信料の値下げを目玉政策に掲げていた。

菅政権の発足からすぐさま、NHKには値下げへの政治的圧力が加えられたはずだが、会長就任後にNHK幹部から「受信料の値下げは難しい」と繰り返し説明されていた前田会長は、その要求に応じようとはしなかった。

これを見た菅総理は、武田良太総務大臣を通じてNHKに圧力をかけ始める。

九月一七日、武田総務大臣は記者会見で「国民が納得した形の受信料であるかといえば、そうではないという声がたくさんある」と述べた。それでもNHKが受信料値下げに応じないと見ると、武田総務大臣は一〇月、NHKが総務省の有識者会議に提示した「受信設備の設置・未設置の届出義務」「居住者情報の照会」といった要望を批判し始め、一一月六日、「未設置者に対する届出義務というのは、これはまったく話にならない」と述べる。一一月二〇日に開かれた総務省の有識者会議の冒頭、「このコロナ禍において、公共放送として、家計負担を軽減する観点から何ができるかをしっかり考えるべきだ」と発言。この有識者会議ではNHKの要望の多くが見送られることになった。さらに武田総務相は、一二月中旬の記者会見で「早期にやらずして、いつやるのか」と受信料の値下げを厳しく迫った。

二〇二一年一月一三日、前田会長はついに、約七〇〇億円の経費を削減して受信料を値下げする方針を盛り込んだNHK経営計画を発表した。前年八月に経営計画案を公表した際には値下げには一切触れておらず、NHKは菅政権の受信料値下げ圧力に屈したのである。

この経営計画でNHKは、二〇二三年度に事業規模の約一割にあたる七〇〇億円規模で受信料を値下げすると表明した。その原資は、①コスト圧縮、②繰越金の取り崩し、③新放送センターの建設計画の見直し、などにより生み出すとした。七〇〇億円の原資を生み出すのは並大抵のことではない。

これを受けて一月一八日、通常国会冒頭の施政方針演説の中で菅総理は、「NHKについては業務の抜本的効率化を進め、国民負担の軽減に向けて放送法の改正をします。これにより、事業規模の一割に当たる七〇〇億円を充て、月額一割を超える思い切った受信料の値下げにつなげます」と述べた。

放送法によって政府から独立して自らの予算や事業計画を決めることになっているNHKの受信料値下げを、総理大臣が施政方針に掲げるという異例の事態だった。

「スリムで強靭なNHK」をめざす改革

就任から一年を経た二〇二一年一月、前田会長はNHKの大改革に踏み出す。

一月一三日に公表したNHK経営計画（二〇二一～二三年度）で、「スリムで強靭な『新しいNHK』」をめざす改革を実行すると宣言したのである。

まず、徹底した構造改革を通じてコストの削減を進めるとした。その方法は、①コンテンツ制作の総量の削減、②番組コストの査定の徹底、③システムの効率化、④訪問によらない効率的な営業活動、⑤管理間接業務のスリム化、⑥経常経費の徹底的な削減、とした。

公共放送は、経済合理性からこぼれ落ちてしまう公共サービスを担い、少数者の意見を拾い上げ、多様性を尊重する社会の実現に貢献することが期待されている。しかし、安倍・菅政権が送り込んだ会長や経営委員長は、そうした点に関心を示したことはない。この経営計画に掲げられた「公共的価値」の定義も、従来のものとほとんど変わっていなかった。

また、保有するメディアの整理・削減も打ち出した。衛星波（2K）の一波、音声波（AM）

の一波を削減するというのである。NHKは、インターネット活用業務に本格的に乗り出すことを認める条件として総務省に求められた衛星波（2K）の削減を、上田会長時代に受け入れてしまっていたのだ。その結果、NHKエンタープライズなどの関連会社を通じて外部の番組制作会社へ発注される番組本数と予算が大幅に削減されることになる。

営業改革は、これまでの「巡回訪問営業」から「訪問によらない営業」へ、業務モデルを転換するとした。それは、ウェブサイトや番組、イベントなどの接点を活用し、視聴者に公共放送の役割や受信料制度の意義を丁寧に説明して公平負担の徹底に取り組む、というものだった。それにより受信料の契約・収納活動を抜本的に構造転換し、受信料値下げ後も営業経費率が一〇％を下回ることを目標とした。この「訪問によらない営業」により、外部業者への業務委託は二〇二三年九月に完全終了することになった。

組織の縦割り体質の弊害を指摘する前田会長は、さまざまな制度改革を実行した。その一つが、大がかりな組織再編である。放送現場では、ディレクター、プロデューサーを新設の「クリエイターセンター」に集め、そこから第一～第三制作センター、報道番組センター、プロジェクトセンターに派遣するという制度に改めた。これにより制作局と報道局の垣根を越えて人材を機能的に配置するという。各センターには人材配置を専門に担当する「ヒューマンリソースプロデューサー」が置かれたが、うまく機能せず、現場は混乱をきたすこととなった。

前田会長は総務・経理などのコスト削減を目指し、「セルフマネージメント」というスローガンを掲げた。放送現場も自分たちで総務・経理をやれ、ということである。そのために新しいシステムを次々に導入しているが、どれもうまく機能していない。現場のチーフ・プロデューサーたちは労務管理や経理などの事務作業に追われ、番組の品質管理に手が回らない事態に陥っている。

問題だらけの人事制度改革

前田会長が特に熱心だったのは、人事制度改革である。

まず、それまで放送・技術・管理の職種別に行なっていた新人採用を一本化し、職種別採用をやめさせた。前田会長はこの職種別採用が「NHKの硬直化を生み出してきた」と主張する。

これまでNHKでは、たとえば放送職では、記者・ディレクター・アナウンサーなどの職種別に新人を採用してきた。それぞれの職種には異なったスキルと高い専門性が要求されることから、NHKは長年にわたって職種別採用を通じた人材育成システムを構築してきたのである。そのため、多くの理事や局長がこの「改革」に反対したが、前田会長は押しきった。

さらに、前田会長は職員制度の抜本的見直しに着手した。二〇二一年一月に職員に示された見直しの詳細な情報を私はただちに入手した。

前田会長は、年功序列や縦割りを是正するため、約一万人の職員の三七%を占める管理職を二五%に減らすという方針を打ち出した。これまでの一般職は「業務職」、管理職は「基幹職」と名前を変えた。そして、基幹職はP=専門性を追及する職群、Q=専門性に基づき組織に貢献する職群、M=経営マネジメントを担う職群、TM(トップマネジメント)=経営マネジメントを担う職群のリーダーに再配置されることになった。P、Q、M、TMという横文字だらけの名称は、従来のNHKの人事担当者からは出てこない発想であり、外資系コンサル企業が提案しそうな内容である。

基幹職への登用には昇進試験（基幹職選抜プログラム）が導入されることになった。管理職を減らす方針のもと、この昇進試験は狭き門となった。たとえば二〇二二年のTMの受験者は三八〇人だったが、最終通過者は二八人で、通過率は七・四％であった。この二八人は地方放送局の局長や拠点放送局の副局長、放送センターの責任あるポストに就任したという。P、Q、Mの通過率も一〇〜二〇％程度であった。従来の制度では、管理職への昇進は日ごろの業務内容（取材や番組制作の実績など）を重視して決められていたが、「改革」以降は評価の基準が不明確となり、不合格の理由が受験者に説明されなかったこと、そもそも通過者数が従来の管理職昇進に比べ非常に少なくされたことから不満が噴出した。

実際には、二次試験以降のグループディスカッションではマネジメントやコンプライアンスなどのリスク管理に関する質問が大半を占めており、そこでスマートに回答できた人物が「マネジメント能力が高い」と評価されて合格したと見られている。およそ公共放送の管理職登用にはふさわしくない選抜方法である。

基幹職選抜プログラムに参加した職員の間で、「公共メディアの専門性よりコスト削減能力ばかりが評価されている」「放送という仕事の特性を無視したプログラム」「日ごろの仕事ぶりを知る現場の評価が反映されていない」「合格・不合格の根拠が示されていない」などの不満の声が噴出した。

さらに、管理職を減らし、人件費も減らすために目をつけたのが、人数が多く給与が高額となっている五〇歳代の管理職の大幅な削減であった。

ＮＨＫは、テレビ草創期の一九六〇年代に大量採用した職員の多くが定年を迎えた一九九〇年代、多くの職員を採用していた。そのため、五〇歳代の管理職が多い人員構成となっているのである。人事局は、リカレント研修や再就職支援などのメニューを用意したうえで、五〇歳以上五六歳以下の職員を対象とした早期退職制度を新設した。

早期退職を促すために、役職定年という制度も新設された。五二歳以上の職員は、その時点で就いている役職に応じて、特定の年齢で「役職定年」、すなわち管理職からヒラの職員に降格するというものである。基幹職一と二の職員の場合は五二歳、基幹職三と四の職員は五四歳、基幹職五の職員は五六歳、といった具合である。そうすればモチベーションを失い、早期退職に応ずるだろうという思惑にほかならない。

実際、この早期退職制度を利用した退職者は急増している。しかし、五〇歳代の職員のほとんどは各部署で重責を担っており、放送現場を例にとれば、彼らがチーフ・プロデューサーやデスクとして番組の質を維持するうえで大きな役割を果たしている。

こうした五〇代職員への冷酷な仕打ちは、三〇歳代、四〇歳代の職員の離職をも招いている。若い時にさんざんこき使われたうえに、五〇歳代になれば組織からこのような仕打ちを受けるということを見せつけられれば、若いうちに転職を考えるのは当然である。テレビは斜陽産業と言われるが、映像や動画を制作したり配信したりするコンテンツ業界全体が斜陽産業となっているわけではない。NHKで経験を積んでスキルを獲得すれば、さまざまなメディア企業に転職することが可能である。

こうして、前田会長の一連の人事制度改革は、職員の士気の低下を招いた。多くの職員がNHKでの自分の将来に希望を持つことができなくなり、転職を考え出している。

NHKの最大の財産は、専門性を有した多くの人材である。一人前の記者、ディレクター、アナウンサー、技術者を育てるにはお金と時間がかかる。スキルを伝えるシステムも必要である。専門性を持った多くの職員が離職し、スキルを継承するシステムが崩壊した時に、NHKの番組の質は劇的に低下するだろう。

だが、テレビそのものに関心がなく、公共放送の役割など考えたこともない前田会長には、そうした危機意識は皆無のようだった。

改革の実態はコンサル企業に丸投げ

こうした改革の多くは、実はコンサル企業に業務委託して作成された改革案にもとづいたものだった。

前田会長は「自分たちの頭で考えていると二年も三年もかかってしまう」と、各局に対して、積極的にコンサル企業を利用して早く改革案を作り、提出するように迫った。前田会長就任後の二〇二〇年度・二一年度の二年間だけで、実に七四億円もの巨額のカネがコンサル企業に支払われたのである。

この実態は『文藝春秋』（二〇二一年一二月号）のスクープで明らかになった。その記事はNHK関係者から提供されたB4版三枚の極秘資料にもとづいていた。資料には二〇二〇年度と二一年度の途中（一一月期）までのコンサル企業（取引高上位六社）との一〇〇件近い業務委託について、発注部局名、契約内容、金額が記されていた。

六社とはボストンコンサルティンググループ、デロイトトーマツコンサルティング、野村総合研究所、PwCコンサルティング、ガードナージャパン、アクセンチュアである。発注部局は経営計画局、人事局、編成局、関連事業局などで、発注金額は二〇二〇年度だけで約三一億円、二一年度（一一月期まで）が約一七億円であった。

本来、組織の改革は、トップがビジョン＝改革の方向性を示したうえで、その具体的な中身は現場で議論を重ねて策定していかなければ、実態に即した有効性のあるプランは出てこない。しかし、前田会長はそうした現場の議論を軽視する一方で、コンサル企業を使って策定した改革案を重視し、それをトップダウンで現場に押し付ける形で「改革」を実行したのである。

人事制度改革に関するものを見ると、人事局、経営企画局などから、ボストンコンサルティンググループ、デロイトトーマツコンサルティング、PwCコンサルティングに業務が委託されている。名目は、「『人事制度改革』プロジェクト推進支援事業業務」、「経営改革戦略に関わる人事関連基本構想策定の支援業務」などだ。

二〇二一年一一月一〇日の定例会見で記者からコンサル問題を問われた前田会長は、「いろんな制度を作る時、これはプロの方の意見を聞いてやった方が、独自でやってNHKしか通用しないものを作るよりも、汎用性のあるのができるというのが一般論です。そういう意味で、それぞれの部局で必要なコンサル料は使っていいと認めています」「(コンサルを)使わないで自分で考えろと言ったら、たぶん二、三年かかってしまうわけです」と答えた。

その一週間後、一一月一七日の衆議院総務委員会で、NHKのコンサル費急増に関する質疑が行なわれた。参考人として出席した前田会長は、コンサル主要六社との契約総額は、二〇二〇年度は約三一億円、二〇二一年度は約四三億円であると答弁した。このコンサル費増大についてNHKの理事会で実態を把握して決定しているのかと問われた前田会長は、「各部署の責任者が〔判断を〕行なっている。私も銀行にいたので、必要なコンサルは使った方がいいと考えている」などと説明した。

しかし、現場の実態を無視してコンサルに策定させた「改革」の多くは、実際に実行されると問題が頻発することとなり、結局、その多くが見直されることになるのである。

放送現場で頻発した異常事態

前田会長の三年間、NHKの放送現場では異常事態が頻発した。私のもとには、それまであまり伝わってこなかった報道局の放送現場からも多くの情報が寄せられるようになってきた。

前田会長は一番若手の理事だった正籬聡(まさがきさとる)氏(政治部記者出身)を副会長兼放送総局長に抜擢する。この抜擢に応えようとしたのか、正籬放送総局長は放送現場への介入を繰り返していく。

菅政権からの受信料値下げ圧力が強まっていた二〇二〇年一〇月二九日、「クローズアップ現代＋　学術会議をめぐり何が？　当事者は語る」の放送直前、根本拓也報道局長からの指示で、番組に百地章(ももちあきら)国士舘大学特任教授のインタビューがねじ込まれるという事件が起きた。根本報道局長は私の同期入局で、経済部記者出身である。

この番組は、日本学術会議の会員候補六人が任命されなかった問題について、学術会議設立から今日までの経緯を、会議の会長経験者、政治家、官僚など当事者に取材し、その証言から真相に迫ろうとしたものだった。VTRには学術会議元会長・大西隆氏、学術会議前会長・山極壽一(じゅいち)氏、元総理府総務長官・中山太郎氏、元防衛相・中谷元(げん)氏、自民党作業チーム座長・塩谷立(しおのやりゅう)氏らが出演した。

NHK関係者によると、放送の前日、科学文化部や政治部の部長も参加して試写が行なわれた。部長たちは、特に、初めてテレビカメラの前で経過を証言する山極壽一氏の語りのインパクトに衝撃を受けたようだった。その日の夜、根本報道局長から「クローズアップ現代＋」の編集責任者（編責）に、改憲派の憲法学者として知られる百地章氏のインタビューを入れるように指示が出された。

この指示を翌朝に伝えられた現場のスタッフたちは驚き、「『当事者は語る』という番組なのに、なぜ当事者ではない百地氏のインタビューを入れるのか」という反発の声があがった。しかし、編責の指示で若い政治部の記者が百地氏にアポを取り、インタビューの収録に向かった。放送では番組の中ほどに、政府の対応に理解を示す百地氏のインタビューを入れ、その前後に政治部・官邸キャップの長内一郎記者のコメントを入れることで、この異質なインタビューを何とか番組の流れの中に組み込んだ。

大変だったのは、ニュースウオッチ9のスタッフたちだった。この日のニュースウオッチ9でも山極氏らのインタビュー映像を使って任命拒否問題を取り上げようとしていたのである。百地氏のインタビューを入れるよう指示されたのが放送直前であったため、ニュースの構成を再検討する余裕はなく、結果、ニュースの最後に百地氏のインタビューをはめ込む形となった。番組は完全に尻切れとんぼ状態となり、有馬嘉男キャスターのまとめのコメントもなかった。視聴者には有馬キャスターの憮然とした表情だけが印象に残ることになった。

現場スタッフから激しい批判の声があがった。ディレクターたちから「現場の意見を尊重せず、百地氏のインタビューを急遽入れるように指示した理由を説明してほしい」と突き上げられた根本報道局長は、「私が必要だと判断して指示した」と述べた。

NHKの関係者の間では、この出来事は三日前の一〇月二六日にニュースウオッチ9に菅総理が出演し、有馬キャスターが学術会議の問題を質問したことと関係があると見られていた。官邸で放送を見た政府高官が「学術会議について総理に質問したことを怒っている」という情報が、官邸クラブの記者を通じてNHKに伝えられていたからである。官邸の怒りが相当のものであったことは、坂井学官房副長官の「所信表明の話を聞きたいといって呼びながら、所信表明にない学術会議について聞くなんて」「NHK執行部に裏切られた」(『朝日新聞』二〇二〇年一二月一二日)という発言からもわかる。さらに官邸の怒りをかうことを恐れたNHK執行部が、それを回避するために百地氏のインタビューを強引に入れさせたのが真相であろう。

オリンピック番組の収録中止指示

二〇二一年一月一五日午後、二日後の一月一七日に予定されていたNHKスペシャル「令和未来会議　どうする？　東京オリンピック・パラリンピック」（一月二四日放送予定）のスタジオ収録の中止が、突然現場に伝えられた。

あるNHK関係者によれば、収録中止を伝えられた現場は騒然となった。「令和未来会議」プロジェクトのスタッフたちは、前年一二月八日に企画提案が採択されて以降、何度も議論を重ねて番組構成を練り上げ、幹部も交えた試写もすでに二度行なわれていた。一〇〇人を超える出演者に対する依頼も終わり、スタジオセットの建て込みも始まり、あとは収録の本番を待つばかりになっていた。スタッフからは、「二日前の中止なんてあり得ない！」「上はいったい何を考えているんだ」という怒りの声があがった。「番組収録を二日前というタイミングで中止すれば、NHKが議論を逃げたと勘ぐられ、公共放送としての信頼を失いかねない」とチーフ・プロデューサーに詰め寄る者もいた。異常事態に呆然として意気消沈していたスタッフたちだが、手分けをして電話やメールで出演者へのスタジオ収録の中止とお詫びを伝える作業に取りかかったという。

「令和未来会議」の現場で起こった異常事態とスタッフの怒りの声は労働組合（日本放送労働組合）に伝わった。詳しい事情を聞いた組合幹部たちは事態の深刻さに驚くとともに、これまでたびたび議論して労使間で得られた「現場での自由闊達な議論の重視」「議論を経て形成された現場の意見の尊重」という合意を反故にするものだとの強い憤りの声をあげた。すでに労使間では、「クローズアップ現代＋」に百地氏のインタビューがねじ込まれた問題などをめぐって断続的に協議が行なわれていたのである。

事態を重視した組合は、ただちに経営側に「なぜ収録の二日前という段階で収録の延期という決定に至ったのか、納得のいく説明をせよ」と求めた。これに対し経営側は、「世論の不安が高まっているこのタイミングがよくない」「多くの国民が開催への疑念を抱く中、何を伝えても勘ぐられる」と、「世論」が理由だと説明した。

この説明に納得しない組合は、「『令和未来会議』は、『令和時代の日本が直面する課題に正面から向き合い、未来に向けた建設的な〝プラットフォーム〟を目指す』『国論を二分するテーマは、積極的に取り上げる』と企画された番組であり説明は矛盾する」「今回の対応は『現場での自由闊達な議論を重視する』とするこれまでの労使間の議論を反故にするものだ」と反発した。

そして、一月二二日に労組の放送系列の委員長が、経営側で組合対応を担当する編成局計画部長に、「今回の番組では一〇〇人を超える出演者に出演依頼をしていた。今回の判断は、NHKに協力していただいている人への信頼を揺るがす恐れがある。そして、現場制作者たちのやりがいの喪失は計り知れない。NHKを取り巻く状況が一段と厳しい今、組合員や視聴者が納得する真摯な説明をお願いしたい」などとする緊急申入書を手渡した。

この申し入れに対して経営側は二月四日に回答したが、放送延期の理由については「新型コロナウイルスをめぐる状況が加速度的に深刻さを増す中、総合的に考えて、このタイミングで半年先の大規模なスポーツイベントをどう開催するかという番組を放送することは、『令和未来会議』がめざす『冷静で建設的な議論の機会を提供する』ことにつながらないと判断した」と説明した。

しかし、「令和未来会議」の関連文書のどこを見ても、「冷静で建設的な議論の機会を提供することをめざす」などとは書かれていない。そもそも国を二分するようなテーマを議論することを目的とした討論番組で、「冷静な議論」が前提などということがあり得るのだろうか。この説明に組合側は納得しなかった。

「森会長が怒っています」

実は、この突然の放送中止の背景には、より深刻な問題が存在する。

NHKの関係者によれば、この異常事態の発端は、一月一四日、東京五輪大会組織委員会の関係者からNHKにかかってきた一本の電話だった。

NHKは一月一三日にNHK世論調査（調査期間一月九日～一一日）の結果を公表し、その内容をニュースで伝えた。東京五輪開催の是非に関する設問の結果は、「開催すべき」が一六%、「中止すべき」が三八%、「さらに延期すべき」が三九%だった。この調査結果をニュースは、「先月に比べて『開催すべき』が一一ポイント減り、『中止すべき』と『延期すべき』はいずれも七ポイント前後増え、あわせると七七%になりました。東京オリンピック・パラリンピックを『開催すべき』という人は一六%で、同じ質問をした去年一〇月と一二月から減り続けています。逆に、『中止すべき』、『さらに延期すべき』という人は、いずれも増えています」と伝えていた。

このニュースに森喜朗東京五輪大会組織委員会会長が怒っていると、その電話はNHKに伝えてきたのである。

ちょうどこの頃、NHKから大会組織委員会に対して、東京五輪の公式映画を撮る河瀬直美監督に大阪放送局が密着取材してドキュメンタリー番組を制作したいという申し入れが行なわれていた。後にBS1スペシャル「河瀬直美が見つめた東京五輪」として放送され、大問題を引き起こすことになる番組である。この申し入れに武藤敏郎(としろう)事務総長がゴーサインを出した。そして武藤事務総長が森会長に説明を行なったところ、NHKといえばあの世論調査の報道はどうなっているんだ？　ニュースはなぜあんな伝え方をするんだ？　「再延期」を選んだ人は大会の開催を望んでいるんじゃないか。それを「中止」を選んだ人と一緒にして、あたかも開催に反対している人が多いかのように報道しているはおかしい――と長時間語ったというのである。

放送延期を求める正籬放送総局長

状況をよく知るNHK関係者によれば、この情報が伝えられた翌日の一月一五日午後一時頃、正籬放送総局長からNHKスペシャルを統括する森田正人大型企画開発センター長に、「Nスペの放送を延期できないか？」との電話が入った。驚いた森田センター長は、角田裕之介(つのだゆうのすけ)統括プロデューサーと「令和未来会議」のCPをともなって、午後二時頃に正籬放送総局長を訪ねた。

三人は、「すでに一部で一月二四日の放送内容を告知してしまっており、ここで放送を延期すればNHKが批判される。何とか予定どおり収録と放送をやらせてもらいたい」と説得を試みた。

しかし正籬放送総局長は「今はその時ではない」「放送を延期すべき」と繰り返すだけで、まったく翻意する姿勢を見せなかった。ついに森田センター長は諦め、スタジオ収録の中止を現場に伝えるよう担当CPに指示したのである。

一月一五日午後のスタジオ収録中止決定の直前に、森田センター長が正籬放送総局長に面会していたことは組合にも伝わった。「放送総局長の指示で延期されたのではないか」と問いただす組合員に対して森田センター長は、「放送日については私も再検討が必要だと考えていた。『全体状況を考えずに放送はできない』と私が延期を判断した。放送総局長から話はあったが、指示ではなく、あくまでの私の判断で先送りを決めた。責任はすべて私にある」と述べ、「現場に伝えるのが遅くなったのは申し訳ない」と陳謝した。

世論調査の設問を改変

NHK関係者によると、「森会長が怒っている」という情報はNHKの世論調査にも影響を与えた。原聖樹政治部長の判断で、二月の世論調査から東京五輪に関する設問が全面的に変更されたのである。

二月五日〜七日に行なわれた世論調査では、まず、「東京オリンピック・パラリンピックの開催まで半年を切りました。IOC=国際オリンピック委員会は、開催を前提に準備を進めています」と、開催を前提としたうえで「どのような形で開催すべきだと思いますか」という聞き方となった。そして開催の仕方として、「これまでと同様に行う」「観客の数を制限して行う」「無観客で行う」

という三つの選択肢を提示した。同時に選択肢から「さらに延期すべき」は外された。結果、「これまでと同様」が三％、「観客の数を制限」が二九％、「無観客」が二三％、「中止」が三八％となった。一月の調査が「開催すべき」が一六％、「中止すべき」が三八％、「さらに延期すべき」が三九％だったことと比較すると、あたかも「開催」の合計が五五％と、「中止」の三八％を上まわり、逆転したかのように見えるようになった。

あるテーマについての市民の意識の変化を継続的に追う世論調査では、聞き方や選択肢の変更を行なってはならないということは、基本的な原則である。設問を変更してしまえば、それまでのデータと比較することができなくなり、世論の推移を追うことができなくなってしまうからである。NHKはそうした鉄則を無視し、聞き方と選択肢を恣意的に変更したのである。それは、NHKが「世論調査を操作している」と言われても仕方がない事態だった。

二カ月遅れで生放送された「令和未来会議」

NHKスペシャル「令和未来会議　あなたはどう考える？　東京オリンピック・パラリンピック」は結局、当初の予定から二カ月遅れの三月二一日に生放送された。

東北医科薬科大学の賀来満夫氏が新型コロナ感染症の専門家として出演したほか、大会組織委員会の中村英正氏、国際体操連盟・IOCの渡辺守成氏、スポーツジャーナリストの増田明美氏が主として開催に肯定的な意見を述べ、社会学者の水無田気流氏、作家の真山仁氏、五輪メダリストの有森裕子氏が主に開催に否定的な意見を述べた。そのほか、六〇人の大学生がオンライン参加し、チャットを使って意見を述べた。学生たちの意見は肯定的な意見と否定的な意見とをNHKらしくバランスよく半々で紹介していたが、スタジオの出演者の意見は明らかに否定的意見が優勢だった。

事前の収録であればNHKは対立する意見をバランスよく編集して放送するのが常なので、生放送になったことで視聴者はフィルターを通さない出演者の生の意見を聞くことができた。しかし、「大会開催の意義」などについての議論は遅きに失した感は否めず、当初の予定どおり二カ月前に放送されていれば、と悔やまれる結果となった。

聖火リレー中継から異論を排除

四月一日の午後七時過ぎ、NHKがインターネットで中継している東京オリンピックの聖火リレーの映像から、約三〇秒間にわたって音声が消えるという異常事態が起こった。

この出来事を『毎日新聞』と『東京新聞』が詳しく伝えている。この日は長野市内の聖火リレーの一日目で、善光寺から市役所前広場までの約二・五キロを一二人が約三〇分かけてリレーしていた。音声が途絶えたのは第七走者が走り始めて一分ほどしたところで、「オリンピックに反対」という沿道の市民の抗議の声が聞こえた直後だった。約三〇秒後に音声は徐々に復活した。

抗議の声をあげていたのは、一九九八年の長野冬季オリンピックに反対した「オリンピックいらない人たちネットワーク（復刻）」の人たち一一人で、「東京オリンピック反対！」などの横断幕を持ち、拡声器を使って「オリンピックはいらないぞ」「コロナ対策をもっとやれ」などと訴えていた。

NHKは東京オリンピックの聖火リレーに全面的に協力している。三月二五日午前に福島県の「ナショナルトレーニングセンター　Jヴィレッジ」で開催された出発セレモニーでは阿部渉アナウンサーが司会を務め、総合テレビで生中継し、午後に再放送、夜には特集番組を組んだ。その後もIOC・大会組織委員会・NHKの三者合意にもとづき、すべての聖火リレーをNHKは四台のカメラで中継し、その映像をNHKオンラインでストリーミング生配信した。この映像はIOCにそのまま提供されていた。さらにNHKはこの中継映像の見どころを毎日、五分間に編集し、総合テレビで放送した。

沿道から「オリンピックに反対」との声が聞こえた途端に音声を絞るなどという判断を、中継現場のスタッフがとっさに下すことはできない。「オリンピックに対してネガティブなものは伝えないようにする」という上層部からの明確な指示がスタッフに伝えられていたという。NHK広報局も、「走っている聖火ランナーの方々への配慮を含め、さまざまな状況に応じて判断して、対応した」「(これからも）状況に応じて適切に判断する」（『東京新聞』四月七日付）と答え、これが技術上のトラブルなどではなく、意図的に行なわれたことを認めている。

NHKが中継から政府にとって不都合な市民の声を視聴者に伝えないように操作したのであれば、NHKはもはや公共放送を名乗る資格はない。それは、天安門事件に関するNHK国際放送のニュースを遮断する中国当局の姿勢と何ら変わらない。

ＮＨＫは世論を誘導しようとしているのか?

菅政権はコロナ禍での開催に異論があった東京五輪の開催を強行し、日本選手の活躍と大会の盛り上がりを政権浮揚につなげようとした。

ＮＨＫはこの政権の方針に忠実に従いつづけた。多くの競技を中継・放送することになっているＮＨＫが大会に協力することは、ある意味、当然だったかもしれない。しかし、新型コロナによるパンデミックが収束しておらず、不安や疑問が広がっている状況においては、市民が多様な観点から議論し、あるべき選択ができるよう、正確で詳細な情報を伝えることこそが公共放送の役割であったはずだ。

東京五輪についての討論番組を延期し、世論調査の設問を恣意的に変更し、聖火リレー中継から異論を排除するＮＨＫは、政府にとって不都合な意見を封殺し、覆い隠す道具となり果て、大会開催に向けて世論を誘導しようとしたと見られても仕方がない。

そして、東京五輪が始まるとＮＨＫは五輪中継一辺倒の放送をつづけ、ニュースの放送時間を大幅に縮小した。その一方で日本選手がメダルを獲得するたびに、「ＮＨＫニュース速報」でけたたましく伝え、大会の盛り上がりを演出しつづけたのである。

第6章――「河瀨直美が見つめた東京五輪」の衝撃

BS1スペシャル「河瀬直美が見つめた東京五輪」

東京五輪が終わった後の二〇二一年一二月二六日、NHKはBS1スペシャル「河瀬直美が見つめた東京五輪」を放送した。前後半で一時間四〇分の長尺番組である。

この番組の後半、「五輪反対デモに参加しているという男性」が登場し、「実はお金をもらって動員されていると打ち明けた」とのテロップがつけられていたことから、放送直後から問い合わせや批判がNHKに寄せられた。SNSでは、「お金で動員された集団」「民意をゆがめようという工作が何者かによって行なわれている」など、五輪反対デモ関係者を誹謗中傷する言葉が数多く発せられた。

年が明けた二〇二二年一月九日、NHKの大阪放送局は、この番組の「字幕の一部に不確かな内容がありました」として、河瀬監督をはじめとする映画製作の関係者と視聴者におわびする、と発表した。

公表された文書には、「映画の製作中に、男性を取材した場面で『五輪反対デモに参加しているという男性』『実はお金をもらって動員されていると打ち明けた』という字幕をつけました。NHKの取材に対し、男性はデモに参加する意向があると話していたものの、男性が五輪反対デモに参加したかどうか、確認できていないことがわかりました。NHKの担当者の確認が不十分でした」と記されていた。そしてこの日の夜一〇時四九分からBS1で二分間、公表した文書の内容を記した文字画面を出し、それをアナウンサーが読み上げた。

放送法第九条には、放送内容が「真実でないことが判明したときは、判明した日から二日以内に、（中略）相当の方法で、訂正又は取消しの放送をしなければならない」と定められている。私が入手したNHKの内部文書には、「視聴者に説明とおわびを放送した」とは記されているが、「訂正放送」とは認めていない。正式の「訂正放送」だと会長以下の執行部の責任も問われる可能性があるからだ。そのため、番組によって誹謗中傷を受けた五輪反対デモ関係者への謝罪の言葉は一切存在しない。NHKは問題を担当者の単なるミスと矮小化することで執行部の責任を回避するとともに、河瀬監督と東京五輪公式記録映画を守ろうとした。

問題の深刻さを認識しないNHK

二〇一七年一月に放送されたTOKYO MXテレビの番組「ニュース女子」で、沖縄・高江の米軍ヘリパッド建設への反対運動に参加している市民を「反対派は日当をもらっている」「何らかの組織に雇われている」と誹謗中傷、さらに、その資金を在日コリアンとして活発に発言している辛淑玉（しんすご）氏が出しているかのように描いて大問題となった。

辛氏は放送倫理・番組向上機構（BPO）に被害を申し立て、BPOの放送倫理検証委員会が倫理違反を、放送人権委員会が名誉毀損をそれぞれ認定し、TOKYO MXテレビは辛氏に正式に謝罪することとなった。

NHKの流したテロップはこれに類似しており、偏見に満ちた根拠のない誹謗中傷をNHKという公共放送が流してしまった点で、問題はさらに深刻だった。

しかし、NHKの危機意識は希薄だった。一月一三日、大阪放送局の角英夫（かどひでお）局長は記者会見で、「制作担当者間のコミュニケーション不足、事実関係のチェックが不十分だった」と述べ、記者からの「反五輪デモに参加した人にも謝罪すべきではないか」との質問にも、「今回は視聴者、その方々も含めて視聴者、本当に深くおわびをしたいという気持ちでいっぱいです」と述べるだけで、デモ参加者への謝罪を明言することを避けた。記者とのやりとりを見れば、危機管理を担当する職員から、「反五輪デモの関係者には謝罪するな」と釘を刺されていることは明らかだった。

同日、定例記者会見での前田晃伸会長は、「チェックの仕組みはしっかりとしたものができ上がっているのですが、そのチェック機能が十分に働かなかったことが一番大きな問題だと思っている」「率直に言って非常にお粗末だと思っています」と他人事のように述べた。

「チェックの仕組み」とは、二〇一四年五月放送の「クローズアップ現代　追跡〝出家詐欺〟狙われる宗教法人」で、知人の男性を出家詐欺のブローカーとして匿名で登場させ、決定的なシーンを撮れたように演出した問題を受け、再発防止策として導入された「匿名チェックシート」のことである。番組に匿名で人物を登場させる場合、「匿名での放送の必要性」「取材先はどんな人でどう確認したのか」「話の内容の真実性を確認したか」などを記入し、担当者と上司などが項目に沿って検討・判断するというものである。今回は番組のディレクターやCPが、「シートを使う事案だと思い至らず、使われなかった」という。

会見で正籬放送総局長は、「虚報ということではありません。ディレクターが意図的に、または故意に架空の内容を作り上げたという事実はありません。捏造やいわゆるやらせがあったとは考えていません」と強調した。さらに、「まったくそうした事実〔五輪反対デモへの動員〕がなかったかということについてもはっきりしません」と述べた。

番組企画の成立と取材の経緯

問題の番組を担当したディレクターは、主に報道局のスポーツ番組を数多く手がけてきたベテランである。担当のCPも報道番組を長年手がけ、放送の数年前にCPに昇進している。しかし、二人とも長尺の構成番組（ドキュメンタリーなど）を制作した経験は多くなかった。

この番組の企画は二〇二〇年、このディレクターとCPが河瀬監督を取材した五分の番組を制作・放送したことをきっかけに持ち上がった。前章で触れたように、二〇二一年一月中旬に東京五輪パラ組織委員会の武藤敏郎事務総長が了承し、森喜朗会長に説明した。その時に森会長が「NHKといえば、世論調査のあのニュースは何だ！」と怒り出して一悶着あったわけだが、番組の企画は組織委員会の正式の承認を得た。

その後、NHKの取材チームは長期間にわたって河瀬監督をはじめとする映画製作チームに密着して撮影を行なった。河瀬監督も多忙を極める中でインタビューに応ずるとともに、映画製作チームが撮影した映像の一部を提供するなど、便宜を図った。まさにNHKと河瀬氏らとの共同制作といってもよい番組だった。

番組を構成論から分析する

編集を担当した編集マン（外部スタッフ）は数多くの優れたドキュメンタリー番組を手がけてきた人物である。構成検討・編集作業において彼が果たした役割は大きかっただろう。

この番組を構成している映像素材は主に、映画製作チームの撮影に密着した映像、映画製作チームが撮影した映像、ＮＨＫの五輪中継映像、河瀬監督へのインタビュー映像である。

番組は、映画製作に取り組む河瀬監督の「苦悩や葛藤」「産みの苦しみ」などを描き出そうとする。番組ラストの河瀬監督のインタビュー（五七秒）を編集するのに七カットも重ねていることからも、苦心の編集が見て取れる。編集室で映像のラッシュを試写した編集マンからディレクターに、密着取材映像とインタビュー映像だけでは構成番組としては成立しないと伝えられたはずである。

河瀬監督の「苦悩」を描く構成番組として成立させるために重要となっているのが、河瀬監督の依頼で五輪期間中に「東京のもう一つの姿」にカメラを向けてきた島田角栄監督の全面的な協力である。番組は島田監督について、「河瀬さんがかつて映画学校で講師をしていた時の教え子で、二〇年にわたる付き合い」と紹介している。

「東京のもう一つの姿」を撮影した映像を編集して河瀬監督に見せに行き、そこで島田監督が抱いていた「映画に批判的な視点をどこまで入れられるのか」という疑問を投げかけ、それに河瀬監督が答えるシーンを後半の番組の構成の軸に据えることになった。

NHKの関係者によれば、このシーンの撮影はギリギリまで実現しなかった。そのため番組の編集作業は一時停滞し、予定されていた年内放送を実現するために、その後の制作スケジュールは非常にタイトなものになったという。

「河瀬監督に見せに行く」シーンの前提となる、島田監督が自宅で編集作業に取り組む映像が、番組後半三七分五〇秒から流されている。そこでは、「オリンピックの期間中、東京のもう一つの姿にカメラを向けてきた。河瀬さんが求める映像が撮れているのか」というナレーションに続いて、島田監督が次のように語る（傍点は筆者）。

島田監督　反対っていってもいろんな反対側がいてはるんでね。いろんな立場の反対側が。プロの反対側もいてるし、ほんまに困った反対派もいてはるし。一概に反対派っていうひとくくりも、なかなかね。だから何やろ、ほんまにいろいろな人の考え方がね、やっぱりあるんでね。何やろな不平等なそれに翻弄される人々も、ちゃんと入れときたいなとか思ってて、映像に。

その後、「不平等」に「翻弄」されている人物として、雑貨店を経営するパンクミュージシャンが取り上げられる。島田監督はここで、飲食店を経営する人たちが協力金をもらえる一方で、この雑貨店の経営者のようにお金をもらえない人たちがいるという不平等について語っている。

男性のシーンは「プロの反対側」の説明か

島田監督が何を根拠に「プロの反対側」と話しているかは不明である。しかし、この言葉からは、島田監督が五輪反対デモ関係者に対して偏見を抱いていることがわかる。

番組では、河瀬監督がテレビで「アスリートのためには観客を入れて開催してほしい」と発言したところ、SNSで非難が殺到したことに触れている。河瀬監督は、「オリンピックの映画まだできてないからね、どんな映画にするかもわかっていないのに、もう二度と見ないとか。なので私はすごい眠れない夜を過ごしていますよ。それなりに」と語っている。島田監督はそうした状況を慮り、河瀬監督に「めっちゃしんどいでしょ。いろんな批判も受けーの」と同情する言葉を投げかけている。

ここで問題が発生する。島田監督の自宅で撮影したインタビューを使うためには、「プロの反対側」という言葉の意味を事前に説明しておく必要が出てきたのである。そのために使われたのが、島田監督がインタビューをする「五輪反対デモに参加しているという男性」の五〇秒のシーンである。男性は匿名で、顔にはボカシが入れられている。

番組後半三〇分三〇秒〜三一分二〇秒
テロップ　五輪反対デモに参加しているという男性
テロップ　実はお金をもらって動員されていると打ちあけた

男性　結局、デモは全部上の人がやるから。書いたやつをそれを言ったあとに言うだけやから。
島田監督　デモいつあるとか、どういった感じで知らせがあるんですか？
男性　それはもう予定表をもらっているから、自分。それを見て行くだけ。

男性の話だけでは、これまでに参加したことがあるデモの話をしているのか、五輪反対デモの話をしているのか判然としない。しかし、その前の二枚のテロップを見た視聴者は、男性は五輪反対デモについて話しているものと受け止める。

ディレクターは島田監督に確認したか

その後、事態は意外な方向に展開する。

二〇二二年一月一九日に開かれたＮＨＫ放送総局長の定例記者会見では、担当者が以下のように経緯を説明した。プロデューサーから字幕の事実関係を確認するように指示を受けたディレクターが、島田監督に「そういう話があったよね」と、テロップで書かれた内容が事実かどうか確認した、というのである。

この説明に、島田監督は翌日、「放送前に担当ディレクターから事前確認はありませんでした」「昨日ＮＨＫに抗議するとともに訂正を求めており、現在ＮＨＫの対応を待っているところです」とのコメントを発表した。

島田監督の抗議を受けたＮＨＫは一月二四日、「公式記録映画関係者への謝罪について」という文書を公表し、「字幕の内容について、島田さんに確認したという事実はありません」「会見での説明は、あたかも、島田さんから確認を得ていたかのような誤解を与えるもので訂正いたします」「番組にご協力いただいた河瀬さん、島田さんには一切責任はありません」と、前言撤回のうえ謝罪した。

不可解な河瀬監督と島田監督のコメント

NHK関係者によると、大阪放送局では問題発覚後、複数回にわたって緊急ミーティングが開かれたという。その中でコンテンツセンター第三部の部長は、「男性は撮影中に『これまで複数のデモに参加して現金を受け取った』と話し、撮影後には『五輪反対デモに参加する意向がある』と話した。実際に参加したかどうかは確認が取れていない。テロップについてCPが確認を求めたところ、ディレクターは『確認がとれた』と話したが、どんな確認作業をしたか共有されていなかった。男性は島田監督が街中で偶然見つけた人物だったが、確認作業は可能だった。男性は実名で顔を出してもよいと話していた」などと説明した。

NHK大阪局から謝罪と経緯の説明を受けた河瀬監督は、一月一〇日に、「公式映画の担当監督の取材において、当該男性から、『お金を受けとって五輪反対デモに参加する予定がある』という話が出たことはありません」「今回のNHKの取材班には、オリンピック映画に臨む中で、私が感じている想いを一貫してお伝えしてきたつもりでしたので、公式映画チームが取材した事実と異なる内容が含まれていたことが、本当に、残念でなりません」というコメントを発表した。

島田監督も読売新聞の取材に対して、自身が男性を取材した際は「『五輪のデモに参加した』という趣旨の発言はなかった」「（番組の字幕を見て）たいへん驚いた」「公式映画チームとして取材した内容と異なるテロップが流れてしまったことは、不本意かつ、大変残念」とのコメントを寄せている。

しかし、もし本当に「残念でなりません」「たいへん驚いた」というのであれば、一二月二六日に番組が放送された時点でNHKの担当者に事実関係の誤りを指摘し、再放送までに修正を求めるべきであった。しかし、実際にはそうしたことは行なわれず、番組はそのまま一二月三〇日に再放送されている。つまり当初、河瀬監督と島田監督は男性のシーンに付けられたテロップも含め、この番組の内容に問題があるとは認識していなかった可能性が高い。

BPOの放送倫理検証委員会は、「深刻な事案である可能性がある」として審議入りを決めたが、NHKが提出した報告書では事実関係に不明な点が多すぎるとして、NHKにこの番組が放送されるに至った経緯等を質問するとともに、あらためて詳細な報告書の提出を求めた。

NHKの調査報告書の公表と関係者の処分

二月一〇日、NHKの松坂千尋専務理事が記者会見を開き、「『BS1スペシャル』報道に関する調査報告書」（以下、「報告書」）を公表し、「誤った内容の字幕をつけたシーンが放送された」ことを認め、改めて謝罪した。

この「報告書」は、関係者へのヒアリングにもとづいて番組制作の詳細な経緯を明らかにしてはいるが、調査の対象を問題の男性のシーンに限定したうえ、公式記録映画の関係者には一切関わりがないという前提で調査したため、事件の真相と問題の本質に迫れてはいない。

問題の要因として、「当該シーンを放送することがどのような意味合いを持つか、という認識がディレクターとCP、専任部長のいずれにも欠落していたこと」を挙げたが、なぜ三人がそろってそのような認識を持てなかったのか、その原因については言及しなかった。

一方で「報告書」は、問題発生の原因として、先述の「取材・制作の確認シート」「複眼的試写」「匿名チェックシート」の三つの手順が守られず、チェック機能が働かなかったことを挙げ、「ディレクターもCPも専任部長も、取材・制作の過程で、それぞれに与えられた役割と担うべき責任を果たさず、杜撰な対応だった」と厳しく批判した。

「報告書」の公表と同時に、人事の担当者から番組制作担当者などへの懲戒処分が公表された。ディレクター（男性・三〇代）とCP（男性・四〇代）が停職一カ月、専任部長（男性・五〇代）出勤停止一四日という厳しい内容だった。さらに局長代行など三名が譴責処分となり、角英夫局長（専務理事）は役員報酬の一部（一〇%・二カ月）を自主返納することになった。その一方で、放送の責任者である正籬副会長・放送総局長や、前田晃伸会長の責任は問われなかった。責任を現場の職員にのみ負わせた「トカゲの尻尾切り」と言わざるを得ない。

BPOが意見書を公表

この番組に放送倫理違反の疑いがあるとして二〇二二年二月から審議を続けてきたBPO（放

送倫理・番組向上機構）の放送倫理検証委員会は、同年九月九日、「重大な放送倫理違反があると判断する」とする意見書（以下、「意見書」）を公表した。

これに対し、NHKは会見を開くこともせず、「指摘を真摯に受け止めます」「現在進められている再発防止策を着実に実行して、視聴者のみなさまの信頼に応えられる番組を取材・制作してまいります」という型通りのコメントと、「再発防止策の実施状況について」という別紙を公表しただけだった。

公表されたBPOの「意見書」によれば、山谷地区に暮らす日雇い労働者の男性へのインタビューは、八月七日に男性の宿泊先近くの公園で行なわれた。約二時間に及ぶインタビューの話題は、東京五輪開催の是非、男性の暮らしぶり、ホームレス時代のことなど多岐に及んだ。この中で男性は「労働組合のいろいろなデモに行っている、お金をもらえるが飯代ぐらい」などと答えたという。そして「五輪反対デモに参加する予定があるか複数回質問されたが、五輪反対デモには行かないし行きたくないと繰り返し否定した」という。ディレクターは、男性の宿泊先に戻る道中、「五輪反対デモに行く予定はないかを改めて質問したところ、公園での問答とは異なり、行く可能性は全然ある」と答えたとしている。しかし、この時カメラは回しておらず、取材メモも取っていなかった。

問題のシーンを入れた理由についてディレクターは、島田監督が言及した「『プロの反対側』の具体例として東京の山谷地区で収録した男性を充て、『ほんまに困った反対派』の具体例として雑貨屋を営むパンクミュージシャンを充てることにした」と答えている。

対立する主張

ＢＰＯの「意見書」によれば、番組後編の編集は二〇二一年一一月中旬にスタート、一二月七日にＣＰによる第一回の試写が行なわれた。この時、男性のシーンには「かつてホームレスだった男性」「デモにアルバイトで参加していると打ち明けた」という字幕がつけられていた。ＣＰは「東京五輪の番組なのに何のデモか明示しないのは良くないと思い、ディレクターにこれは五輪反対デモを指しているのかと尋ねた。ディレクターの回答は男性が五輪反対デモに行っていた可能性があるという曖昧な内容だったため、ＣＰは、五輪反対デモにお金をもらって参加したかを確認するように指示した」という。

指示を受けたディレクターは一二月九日、島田監督に電話をかけ、編集中に気になった点も含め、次の三点を尋ねた。「①島田監督がインタビューで言及した『プロの反対側』とは東京の山谷地区で取材した男性を指すのか、②男性にボカシをかけなくてよいか、③男性は五輪反対デモに行く可能性があると述べていたか」である。すると島田監督は①と③を肯定し、②についてはボカシを入れたほうがいいだろうと答えたという。

一方、ＢＰＯのヒアリングに対して島田監督は、このディレクターの証言を全面的に否定している。

二人の証言が大きく食い違っていることは重要な意味を持っている。前述した通り、ＮＨＫは記者会見で一度は「島田さんに確認した」と説明しておきながら、島田監督から抗議されると、「字幕の内容について、島田さんに確認したという事実はありません」と訂正した。だが、その後もディレクターが「島田さんに確認した」と述べているということは、NHKはディレクターの主張を無視し、島田監督の主張を一方的に受け入れて訂正・謝罪したことになる。そしてそれがNHKの公式見解となっている以上、ディレクターのBPOへの証言はNHKにとって不都合なものであり、人事的な不利益を覚悟しなければならない内容である。ディレクターの主張は、事実である可能性が高い。

映画関係者の反感が番組に？

この番組は河瀬監督を中心とする映画関係者の協力のもと制作されたものであり、特にその後編は島田監督の全面的な協力のもと、緊密な連絡を取り合いながら制作されたことは、番組内容やディレクターの証言などから明らかである。ディレクターは完全に島田監督に頼りきっていた。

河瀬監督は番組の中で、自らの「観客を入れて開催してほしい」とのテレビでの発言が、SNSで五輪に反対する人々から激しく批判されたことへの反感を口にしている。島田監督も番組の中で、批判を受ける河瀬監督を慮る発言をしている。

そのためか、河瀬監督は五輪反対デモの様子を物陰に隠れるように撮影している。五輪反対デモの主催団体が合同で開いた集会の報告では、公式記録映画の関係者から、取材や撮影の申し込みは一切なかったという。

島田監督はBPOのヒアリングに対して「プロの反対側」とは、「熟慮してものを考え、デモの届け出などもしっかり行う『プロフェショナルな人々』という意味を込めた」と証言している。

しかし、「プロの反対派」、「プロ市民」などの言葉が、右翼メディアなどが政府の政策に反対する市民運動やデモを誹謗中傷する言葉として使われてきたことを、島田監督が知らなかったとは思えない。

私は、島田監督が五輪反対デモの関係者に対して抱く反感が、「デモや広い意味での社会運動に対する関心が薄く」「無意識の偏見」を持っていたディレクターによって、番組内容に持ち込まれたと見ている。

「半ば捏造的」に放送された

BPO「意見書」によれば、その後、問題のシーンの字幕は数度の試写を経て、CPと専任部長によって「五輪反対デモに参加しているという男性」「実はアルバイトだと打ち明けた」から、「五輪反対デモに参加しているという男性」「実はお金をもらっていると打ち明けた」へと変更された。二人の上司によって事実の誤りはより深刻な方向に「修正」されてしまったのである。また、男性が発した言葉には「デモは全部上の人がやるから（主催者が）書いたやつも言ったあとに言うだけ」「おれは予定表をもらっているから　それを見て行くだけ」という字幕も付けられた。

この男性の発言は五輪反対デモではなく、別のデモについての体験を語っているにもかかわらず、番組ではあたかも五輪反対デモについて語っているかのように編集されている。ディレクターはこの編集について、「男性の発言内容は五輪反対に関するものではないことを認識していたも

の の、男性が過去に参加したデモと同じ主催者が行う五輪反対デモに参加するのであれば、この表現は許されると思った」という趣旨を委員会のヒアリングで語ったという。

BPOの「意見書」は、これはNHKの「報告書」がいう「誤った内容の字幕をつけたシーン」などではなく、「別のデモに関する発言を五輪反対デモの発言に〝すり替えた〟編集」だったとしている。

BPOの井桁大介委員は会見で、「事実ではないと認識しながら編集したという点で重大な過失があったと言わざるを得ない」「五輪反対デモで金銭が授受されたという事実でない内容が、半ば捏造的に放送された」と述べた。

NHKの事後対応を厳しく批判

このBPOの「意見書」で注目すべきは、本文の最後となる第六章で、「局の事後対応に関する付言：字幕問題に限定されるべきではなかった」というタイトルをつけて、問題発覚後のNHKの対応を厳しく批判した点である。

これまで見てきたように、NHKは記者会見、公表文書、調査報告書などで、適切な取材を怠り、誤った字幕を付したことに問題を限定するような説明を続けてきた。その点に関して「意見書」は、「本件放送の問題は果たして字幕に収れんされるのだろうか」と疑問を呈する。そして、「男性の発言が五輪反対デモでない別のデモに関する発言であることをディレクターが明確に認識する中で本件放送が編集され、完成してしまった」とし、「結果としてデモの価値をおとしめた」と指摘する。そのうえで、「本件放送が、デモの参加者は『お金』で『動員』されたものであり、主催者の主張を繰り返すだけの主体性がない人々であるかのような印象を与えたことは無視できない。ＮＨＫの事後調査・対応には、そうした視点が感じ取ることはできなかった」と厳しく批判しているのである。

しかし、ＮＨＫ執行部の危機意識は乏しく、この番組の放送によって誹謗中傷を受け、批判にさらされた五輪反対デモの関係者への謝罪は行なわれなかった。ようやく林理恵メディア総局長が、「五輪反対デモに参加したり主催されたりした方々」への謝罪の言葉を口にしたのは二〇二二年九月二一日のことだった。前田会長をはじめとするＮＨＫ執行部の責任は重大である。

ＢＰＯの西土彰一郎委員は記者会見で、「結果として五輪反対デモ、さらにはそれ以外のデモ全般までもおとしめるような内容を伝えてしまった」「あえて声を出している人々の尊厳を傷つける結果となってしまった重大さをＮＨＫはかみしめていただきたい」と述べた。

真の原因は何か

ＢＰＯの「意見書」は、「おわりに」において、この問題が「番組制作者に限定されない、ＮＨＫ全体の信頼を毀損しかねないものだったのではないか」としたうえで、ＮＨＫが実施している再発防止策について、「ただでさえ忙しい現場にさらなる負荷を強いる再発防止策であれば、抜け道が探られることになりかねない」と指摘する。

そしてＮＨＫで番組制作に携わる人々に向けて、「デモに関する知識を備えるとともに関心を持ち、デモをめぐる情報を正確に伝えてほしい」「取材相手と社会に対するリスペクトの精神を失わないこと。それこそが民主主義社会の健全な発展に不可欠な視聴者との信頼の礎になる」と呼びかけている。

前田会長のもとでNHK執行部は政府の顔色ばかりを見て、視聴者や市民運動を蔑ろにする経営と放送を続けてきた。そうした姿勢が一部の職員の感覚を麻痺させ、「政府に従うのは当然」「政府の政策に反対する市民はけしからん」という認識を浸透させてしまったのではないか。

そして、コロナ禍のもとでの開催に多くの市民が疑問を抱いていた東京五輪において、NHKは政府の意向に従い、異論を排して世論を誘導するようなことまでして、開催に全面的に協力した。NHKの放送現場には上層部から「五輪を盛り上げる企画をどんどん出せ」という指示が出され、多くの職員が駆り出された。職員の間に、五輪への批判はそうした同僚がやっている業務への批判と受け止められてしまうような雰囲気が広がっていた。それが、一部の職員の間に市民運動やデモに参加する人々への偏見や思い込みを生み、この問題を引き起こしたのである。

第7章——二つの軛

——葛西支配と官邸支配

ＮＨＫの惨状の原因は何か？

石原進や森下俊三のような公共放送のリーダーとしてふさわしくない財界出身の人物が、なぜＮＨＫの経営委員長や会長に次々と就任してしまったのか。

大きな疑問を抱いた私は、「ＮＨＫの問題にはかかわるまい」と目を背けていた一〇年の間にＮＨＫで何が起こっていたのかを知ろうと、複数の理事経験者を含む多くのＮＨＫ関係者に話を聞くとともに、さまざまな文献や資料に目を通した。その結果、浮き彫りとなったのは、葛西敬之氏（ＪＲ東海社長・会長、二〇二二年五月死去。以下、敬称略）によるＮＨＫ支配である。

葛西は安倍晋三を応援する財界人の親睦会「四季の会」の発起人である。「四季の会」はもともと葛西が東京大学の同級生だった与謝野馨を応援するために作られた集まりで、葛西の呼びかけで多くの財界人が参加した。「四季の会」は二〇〇〇年代になると与謝野に代わって安倍を応援するようになる。そしてＮＨＫの経営委員や会長に、この「四季の会」のメンバーが次々に任命されていたのである。

発端は二〇〇七年六月、第一次安倍政権で菅義偉が総務大臣に就任したことだった。菅は、「四季の会」の主要メンバーであった古森重隆（富士フイルムホールディングス社長）をＮＨＫ経営委員に任命、いきなり経営委員長に据える。そして翌年一月、古森が主導する経営委員会は「四季の会」のメンバーの福地茂雄（アサヒビール元会長）をＮＨＫ会長に任命するのである。

NHK経営委員会

NHK経営委員会は一二人の委員により組織され、その重要な権限にNHK会長の任命がある。会長の任命については、放送法第五二条で、「会長は、経営委員会が任命する」、五二条二では、「前項の任命に当たっては、経営委員会は、委員九人以上の多数による議決によらなければならない」と定められている。

その経営委員会の委員は、衆参両院の同意を得て、内閣総理大臣が任命する。経営委員の任命は放送法第三一条で、「委員は、公共の福祉に関し公正な判断をすることができ、広い経験と知識を有する者のうちから、両議院の同意を得て、内閣総理大臣が任命する。この場合において、その選任については、教育、文化、科学、産業その他の各分野及び全国各地方が公平に代表されることを考慮しなければならない」と定めている。この条文に依拠し、以前は地域のバランスと職域のバランスを考慮して総務省の官僚が選んだ候補者を、内閣総理大臣がそのまま任命するのが慣例だった。

しかし、この条文の曖昧さは、時の政権が委員を恣意的に任命するようになれば、NHKの会長人事を思うようにコントロールできるという危険性を孕んでいた。

古森重隆の経営委員任命

この曖昧な条文を利用して経営委員を恣意的に任命し、NHK会長人事をコントロールしようとしたのが、第一次安倍政権だった。

二〇〇七年六月、第一次安倍政権の総務大臣に就任した菅義偉は、NHKの橋本元一会長に、「受信料の義務化」「受信料の二割値下げ」を強く求めた。しかし橋本会長はこの要求に抵抗し、値下げには反対という態度を変えなかった。すると菅は、「NHK改革を進めるためには、NHK出身の橋本会長では無理だと判断」し、「近く半数の委員が改選されることになっていた経営委員会に、改革意欲がある民間人に入ってもらわなければならない」と考えたという。そして菅は首相の安倍と相談して、古森重隆を経営委員に任命した。菅は後に著書『政治家の覚悟』（文春新書、二〇二〇年一〇月）の中でその時の経緯を、「私は安倍総理と相談し、委員の一人として富士フイルム社長の古森重隆さんにお願いすることにしました。古森さんは、富士フイルムで収益構造を大きく変えるなど、優れた経営手腕と実績を持つ人物です。私はなんとしても古森さんに経営委員になってもらいたいと、ご本人の説得にあたり、了解を得ました」と記している。

福地茂雄のNHK会長就任

二〇〇七年六月に経営委員となった古森は、いきなり経営委員長に就任する。そして同年九月には、「選挙期間中の放送については、歴史ものなど微妙な政治問題に結びつく可能性があるため、いつも以上にご注意願いたいと思います」と切り出して、NHK執行部と対立する、また同じ九月、NHK執行部が提出した「五カ年経営計画案」の承認を拒否した。

同年一二月、二人の経営委員（菅原明子・保ゆかり）が古森委員長の強引な議事運営を不服とし、記者会見を開いて会長人事にかかわるやりとりを「備忘録」として配布するという事件が起きた。それによると、古森委員長は「NHKの改革は内部では無理なので外部に人材を求めたい」と繰り返したという。

古森が主導する経営委員会は、橋本会長に代わる新しい会長に福地茂雄を指名し、二〇〇八年一月に就任する。

福地は後に、この時の経緯を、日本経済新聞の「私の履歴書」(二〇一四年六月二三日)に記している。

二〇〇七年秋に「飯でも食いませんか」と富士フイルムホールディングス社長の古森重隆さんがかけてきた一本の電話。これがNHK会長に就任する始まりだった。古森さんはNHKの経営委員会委員長を務めていたが、そんな話とは想定していない。米国視察旅行で知り合って以来の仲で、たまに飲んでいた。普段通りの感じで会食へ向かった。

富士フイルムHDのある東京・六本木の料理屋。古森さんは「NHKの会長をやってみるつもりはないですか」と切り出された。

福地は、経験のない仕事だから、と断ったが、古森からの面会依頼は続き、四度目の電話で根負けして引き受けたという。古森が福地を説得し、経営委員会はそれを追認したのである。古森が指名してNHK会長になった福地だったが、NHK職員の評判は良かった。公共放送について一生懸命勉強していたし、放送現場や地方局にも頻繁に足を運んだという。

福地の会長任命に成功した古森経営委員長だったが、二〇〇八年一二月に退任することになった。前年七月の参議院選挙で自民党が敗北したため、参議院で古森の委員再任が同意される見込みがなかったからである。古森は退任する前月のインタビューで、「改革に向けたNHKの抵抗は想像以上だった」と述べた。

松本正之のNHK会長就任

福地会長は高齢であることを理由に、一期三年で退任することを表明していたため、二〇一一年には再び会長人事が発生した。この時の経営委員長、小丸成洋（こまるしげひろ）（福山通運社長）は「四季の会」とは関係のない人物だったが、葛西の部下だった松本正之（JR東海副会長・「四季の会」メンバー）がNHK会長に就任する。この時の松本任命にいたる経営委員会は迷走した。

二〇一〇年一二月二一日の経営委員会（指名部会）では、候補者は慶應義塾大学前塾長の安西祐一郎と、早稲田大学前総長の白井克彦に絞られた。しかし、この日の日本経済新聞の朝刊は、こうした動きを牽制するかのように、「NHK次期会長　JR東海・松本氏浮上」と報じていた。極秘とされていた安西・白井に絞るという情報が、一二月二三日、スポーツ紙で報道される。経営委員の誰かが情報をリークしたと思われた。一二月二七日には小丸経営委員長による就任要請を安西が内諾したが、その情報もマスコミに流れた。一二月二九日、東京中日スポーツが「安西氏NHK会長〝異色〟条件で受諾『副会長人事』『都内に部屋』『交際費』」という見出しで、大きく報じた。記事には安西がNHK職員に「都内に会長社宅を用意できるか、交際費はどのくらい使えるのか」などを問い合わせたと記されていた。こうした報道を受けて、経営委員の中に安西の会長就任を疑問視する声が高まった。

結局、二〇一一年一月一〇日に小丸委員長が慶應義塾大学に出向いて安西に面談して謝罪し、安西に会長就任を辞退してくれるよう要請した。一月一一日、安西は記者会見を開いて経営委員会に対する不信を表明し、会長就任を拒否する意向を明らかにした。一月二四日の福地会長の任期満了まで二週間を切る時点で、会長選考は振り出しに戻った。そして一月一五日の緊急経営委員会が開かれ、松本正之が次期会長に決まる。

ノンフィクション作家の森功はこの時の経緯について、葛西が意図して自らの腹心である松本をNHK会長に送り込んだという見方を示している。森は著書『国商』（講談社、二〇二二年一二月）の中で、当時経営委員だった人物の次のような証言を紹介している。

あのときはずいぶん経営委員会が揉めましたね。安西さんのスキャンダルがスポーツ紙にすっぱ抜かれ、会長就任を辞退する羽目になりました。経営委員会は早急に次の会長の候補を推薦しなければならない。代わる会長は誰が適任か、となったところ、古手の経営委員だった北原（健児・元読売新聞政治部記者）さんがおもむろに携帯電話を取り出し、電話をかけ始めたのです。電話の相手は葛西さんでした。

この証言にもとづいて森は、「北原は葛西と旧知の間柄で、もとより葛西と打ち合わせ済みだったのだろう」と記している。

二〇一一年一月一五日、午後四時から開催された経営委員会で、次期NHK会長に松本正之を任命することが決議された。本来であれば候補者が呼ばれて所信を述べ、質疑をしてから議決が行なわれるのだが、この時は緊急の経営委員会であったため行なわれなかった。福地会長の任期満了（一月二四日）の、わずか九日前の任命決定だった。

小丸はこの混乱の責任をとって、一月二五日に経営委員長を辞任する。その後任として二〇一一年四月に経営委員長に選ばれたのは、數土文夫（JFEホールディングス元社長）だった。數土は川崎製鉄と日本鋼管の合併を実現させた辣腕経営者であり、やはり「四季の会」のメンバーだった。數土は東京電力ホールディングス会長に就任するために退任することになる二〇一二年五月まで経営委員長を務めた。

NHKの元幹部は、「松本氏のNHK会長の就任が決まると、葛西氏から、『副会長には諸星衛氏（元NHK理事）を起用するように』と言われていたそうです」と語る。ところが、松本会長は諸星を副会長に起用しなかった。松本は数週間かけて候補者と面接し、長く番組制作局でサイエンス番組の制作を手がけた小野直路（NHKエンタープライズ社長）を副会長に起用したのである。諸星を副会長にしなかったことは葛西の怒りをかい、松本会長の一期三年での退任につながっていく。

NHKの元幹部によると「松本会長は葛西さんから『NHKは左翼ばかりだから何とかしてこ

い』と言われたそうです。しかし実際に来てみたら『そんなことはない』と思ったそうです」という。葛西は、松本会長とともにNHKに送り込んだ石塚正孝(NHK特別主幹・元JR東海副社長)を通じてさまざまな要求を伝えていたというが、松本会長はあまり応じなかった。

長年にわたってNHKを取材してきた朝日新聞元記者の川本裕司は、著書『変容するNHK』(花伝社、二〇一九年二月)の中で、二〇一三年六月に経営委員を退任した竹中ナミが、経営委員会のあいさつで次のようなエピソードを語ったと紹介している。

竹中氏が委員を務める財政制度等審議会であったとき、委員になった葛西敬之JR東海会長に「(元JR東海副会長の)松本さん、ようやってはりますわ、ありがとうございました」と、松本正之NHK会長をほめるあいさつをしたところ、葛西氏が「今のNHKは、税金を使って国益に適わない放送を垂れ流している」と怒りだした、といったのだった。

葛西の悲願は、リニア中央新幹線の実現であった。大量の電力を消費するこの計画には、どうしても原発の推進が必要である。葛西はNHKが福島第一原発事故(メルトダウン)の経緯や、放射能汚染について詳細な番組を繰り返し放送していることが気に入らなかったようだ。原発事故関連の番組に対しては、松本会長も厳しい姿勢を示したことがあったという。

NHKの元幹部は、「原発事故の直後に研究者とともに福島第一原発の三〇キロ圏に入り調査・取材して制作されたETV特集『ネットワークでつくる放射能汚染地図』という番組があります。

放送後に大きな反響をよび、文化庁芸術祭大賞など多くの賞を受賞しました。事故直後、NHKの上層部からは三〇キロ圏に入っての取材は行なわないようにという指示が出されていました。そのため、局内にはこの番組のスタッフ（職員）を批判する声が一部にありました。その事実を職員が番組関連本『ホットスポット』（講談社、二〇一二年二月）に書くと、報道局長からそれを伝えられた松本会長は理事会で『この職員を免職にしたい』と言い出しました。この時は、下川雅也理事と今井環理事が『そのような理由で職員を免職にするのは良くない』と説得し、松本会長も思いとどまりました」と語る。

安倍首相のお友達が次々に経営委員に

二〇一三年七月の参院選で自民党が圧勝してねじれ国会が解消すると、安倍政権はさらに恣意的にNHK経営委員を任命する。

一〇月、本田勝彦（日本たばこ産業顧問）、百田尚樹（作家）、長谷川三千子（埼玉大学名誉教授）、中島尚正（海陽中等教育学校校長）の四氏を新任する。本田は安倍の元家庭教師であり、百田・長谷川は二〇一二年秋の自民党総裁選の前に、「安倍晋三総理大臣を求める民間人有志による緊急声明」の発起人として名を連ねた人物だった。また中島は、葛西が副理事長（後に理事長）を務める学校の校長だった。

二〇一三年一一月一日、『読売新聞』が「松本NHK会長　交代の公算」という記事を掲載した。記事には「複数の政府関係者によると、首相はNHKの体制を刷新すべきだとの意向が強い」と記されていた。

そして、一二月五日の会長定例記者会見で松本会長は「やるべきことはもうやった」と、一期三年での退任を表明した。松本氏がなぜ一期三年で退任することになったのかについてNHKの元幹部は、「本人は二期目をやる意欲を持っていましたし、周囲の評判も悪くはなかった。しかし、葛西さんに『辞めろ』と言われたようです。『辞めなかったら今後一切面倒を見ないぞ』と脅され、辞意を固めたようです」と語る。

辞任のあいさつで松本会長は、「やっぱり寂しい。みなさんと一緒にやったから。一生懸命やってきた」と涙ながらに語った。

籾井・板野コンビの誕生

二〇一四年一月、籾井勝人（もみいかつと）（三井物産元副社長）がNHK会長に就任する。

この時の経営委員長は浜田健一郎（ANA総合研究所会長）だったが、経営委員会で籾井を推薦したのは委員の石原進（JR九州会長）だった。石原は葛西の元部下で「四季の会」のメンバー。葛西と同様に原発推進の考え方の持ち主だった。

籾井が一月二五日の就任記者会見で、「政府が右と言っているものを、われわれが左と言うわけにはいかない」「(戦時「慰安婦」は）どこの国にもあったこと」などと問題発言を連発し、大きな問題となった。NHKには批判や苦情の電話やメールが殺到した。二月一二日、浜田健一郎経営委員長は委員会後のブリーフィングで、「容易ならざる事態」と表明した。

経営委員を恣意的に任命して経営委員会を支配した葛西と安倍官邸は、会長人事も思いのままにし、さらに官邸の代理人のような役職員を要所に配置することにより、NHKの放送内容にも影響を及ぼすようになる。

そうした、官邸につながるNHK役職員として知られているのが板野裕爾（いたのゆうじ）である。

板野は籾井勝人会長時代に放送総局長として、安倍政権に不都合な放送をさせないように奔走した。特に影響が大きかったのが、二〇一五年九月に国会で成立した安全保障関連法案をめぐる放送への介入だった。NHKニュースは国会前で繰り広げられる反対運動を積極的に伝えようとはせず、「NHKスペシャル」や「クローズアップ現代」でも積極的に取り上げなかった。

川本裕司は前掲の『変容するNHK』の中で、「クロ現で国民の間で賛否が割れていた安保法案について取り上げようとしたところ、板野放送総局長の意向として『衆議院を通過するまでは放送するな』という指示が出された。まだ議論が続いているから、という理由だった。放送されたのは議論が山場を越えて、参議院に法案が移ってからだった。クロ現の放送内容に放送総局長が介入するのは前例のない事態だった」というNHK関係者の証言を紹介している。

NHK内では板野は、杉田和博官房副長官との太いパイプを持つ人物として知られている。NHKの元幹部によれば、「板野さんは名古屋局の経済記者時代にJR東海の社長・会長を務めた葛西敬之さんと親しくなった。その後、葛西さんに紹介されて杉田さんともパイプを築いた。杉田さんは退官後の一時期、葛西さんに就職を世話され、JR東海の顧問に就任したことがあった。そして杉田さんが葛西さんの推薦で官邸入りすると、板野さんは葛西さん、杉田さんとのパイプを生かしてNHK内で出世していった。JR東海副社長の松本正之さんがNHK会長に選ばれた時には、板野さんは内部監査室長という立場でありながらJR東海に乗り込み、松本さんにNHKについてレクチャーした」という。

板野は、二三年間にわたって「クローズアップ現代」のキャスターを務めた国谷裕子の降板(二〇一六年三月)を主導した人物としても知られている。きっかけは、二〇一四年七月三日に放送された安保法案の集団的自衛権行使をテーマとする「クローズアップ現代　集団的自衛権　菅官房長官に問う」という番組に出演した菅義偉官房長官に、国谷キャスターが繰り返し質問した出来事だった。国谷キャスター降板の方針は、二〇一五年一二月に編成局長から放送現場に通告された。現場は続投を強く主張したが、編成局長はそれを拒絶した。

この時の経緯についてNHKの元幹部は、「籾井さんはNHK会長就任時に、官邸から『NHKでは板野を頼れ』と言われたそうです。籾井さんは言われるままに板野さんを放送総局長に指名しました。板野さんはことあるごとに杉田官房副長官など官邸の意向だと言って、NHKの経営や放送に影響を及ぼしました。板野さんが言う『官邸の意向』がどこまで本当なのか、あてにならないと感じました」と語った。

二〇一六年四月、籾井会長は板野専務理事を再任せず、NHKエンタープライズ社長に転出させる。原因は二〇一五年、籾井会長が進めていた、関連団体などが入るビル建設のための渋谷区の土地購入計画に、板野専務理事が「いまの段階では分からないことが多い」と理事会で反対したことだった。

ＮＨＫの元幹部は、「板野さんが反対したのは、杉田官房副長官からの指示があったからです。以前その土地に反社会勢力が関わっていた点を杉田さんが問題視し、板野さんに止めさせるように言ったのです。籾井さんは『板野は俺の部下なのか、それとも杉田の部下なのか』と怒っていました」と語る。

籾井会長は二〇一六年四月に板野専務理事を退任させ、ＮＨＫエンタープライズ社長に転出させた。ＮＨＫの元幹部によれば、「籾井会長は色々な問題を引き起こし、それが原因でＮＨＫ会長を一期三年で退任させられたと世間では見られています。しかし、最終的な原因は、板野さんを切ったことが杉田官房副長官の怒りをかったことにありました。籾井会長の再任はなくなりました」という。

上田良一の会長就任

二〇一六年六月二八日、浜田健一郎の後任として先述の石原進（ＪＲ九州元会長）が経営委員長に就任し、七月から経営委員会の指名部会を開催して、次期ＮＨＫ会長の選考を始めた。市民団体からは籾井の退任を求める声が高まっていたし、経営委員の評判も芳しくなかった。さらに、板野を切ったことが官邸の不興を買い、「籾井の任期満了退任」は官邸の既定路線となっていた。会長候補として板野祐爾や元岩手県知事の増田寛也総務大臣の名前が挙がっていた。しかし、籾井会長の問題発言などによってＮＨＫを見る社会的な目が厳しさを増していたこともあり、無難な人選に落ち着く。

二〇一六年一二月六日、経営委員会は次期会長に上田良一（元三菱商事副社長）を選出した。上田は二〇一三年六月からただ一人の常勤の経営委員を務め、監査委員も兼任してきていた。経営委員が次期会長に選出されるというのは異例で、ある意味「禁じ手」とも言える人事であったが、無難さが優先された。記者会見で石原経営委員長は「上田さんはNHKの業務、課題に精通し、信頼される人柄だ。海外経験も豊富で、国際的センスもある」と選出理由を述べた。

二〇一七年一月二五日に会長に就任した上田は、副会長に堂元光（ひかる）副会長を再任した。川本祐司は『変容するNHK』の中で、その時の経緯を語る元NHK理事の証言を紹介している。

> 上田さん自身は政治色が薄い。このため、NHKに影響力を及ぼしたい官邸としては上田会長が固まった段階で、副会長を重視した。当初、杉田和博官房副長官は板野裕爾・NHKエンタープライズ社長を副会長に据えようとしたが、堂元副会長の再任を推したのは安倍首相本人だった、と聞いている。再任の実現に動いたのは堂元副会長と太いパイプのある岩田明子記者で、安倍首相を動かしたのではないか。首相が決めれば、誰も反対できない。

上田会長時代の二〇一九年四月に、板野祐爾は専務理事に異例の返り咲きを果たす。その時の経緯について森功は著書『国商』の中で、板野が復権のために葛西を頼ったとする元NHK幹部の証言を紹介するとともに、元理事の次のような証言も記している。

板野がＪＲ東海の葛西さんを頼って専務理事に戻ろうとした時、上田会長は撥ねつけようとしたんです。すると、官房長官の菅さんから脅された。上田さんは放送と通信の番組同時配信を進めよう、と幹部たちに檄を飛ばしてきました。そこをとらえた菅官房長官が、「板野を専務理事に戻すか、同時配信をあきらめるか、二つに一つだな」と上田会長に迫ったと聞きました。

小池英夫報道局長による放送現場への介入

上田会長は放送番組に直接介入するようなことはしなかった。上田会長時代に、安倍政権に不都合な放送をさせないように奔走したのは、小池英夫報道局長だった。なぜ報道局長がその役割を果たしたのかと言えば、この時期、放送総局長を務めていたのがドラマ番組出身の木田幸紀(ゆきのり)だったからである（ただし、あるＮＨＫ関係者は、「木田氏も名古屋局長時代に葛西氏と親しくなっていた」と指摘している）。

小池報道局長の現場への介入はＮＨＫ内部で悪名高く、あまりに細かく、頻繁に介入したために、現場では「Ｋアラート」と揶揄されていた。

小池の「森友事件」への介入の実情については、当時、ＮＨＫの大阪放送局で事件の取材にあたっていた相澤冬樹記者（私と同期入局）が、著書『安倍官邸 vs. ＮＨＫ』（文藝春秋、二〇一八年一二月）の中で詳細に述べている。

それによれば、二〇一七年六月に相澤記者が「近畿財務局が売却価格を決める前に学園の財務状況を聞き出していた」事実をスクープしたがなかなかニュースで放送されず、デスクから「部長に相談したんですが、今はまずいと。これだけの大ネタですから〔小池〕報道局長に報告しないといけませんが、まだ国会会期中なので、報道局長がうんと言うはずがないと。局長を説得するまでに、今少し待ってほしいとのことでした」と連絡があった。

その後、七月下旬にデスクから「報道局長を説得するのが難しいらしくて。説得のために、何とか追加取材をお願いできないでしょうか」と電話が入ったため、相澤記者が「大阪地検特捜部もこの情報を把握して捜査している」という要素を付け足した結果、このスクープはようやく七月二六日にニュース7で放送された。ところが放送当日の夜、小池局長から大阪の報道部長に電話が入り、「私は聞いていない」「なぜ出したんだ」「あなたの将来はないと思え」と激怒したという。

さらに、二〇一八年四月四日の「クローズアップ現代＋」で、財務省が森友学園に「トラック何千台もごみを搬出したことにしてほしい」という口裏合わせを求めた事実を報道しようとしたところ、「野党議員に情報が漏れている」と小池局長が激怒。「野党議員の言うままに放送できるか！」と、「クロ現」では放送させなかったという。そして二〇一八年五月一四日、相澤記者は考査室への異動を内示され、NHKを辞職することになる。

前田晃伸氏のNHK会長就任

二〇一九年後半、上田良一会長の交代は官邸の規定路線であったようだ。

安倍首相は「次は金融関係者がいいと話していた」という（『毎日新聞』二〇一九年一二月一〇日）。

そして選ばれたのは、みずほフィナンシャルグループ元会長の前田晃伸である。「四季の会」の元メンバーであり、葛西敬之の後任として二〇一一～一六年まで国家公安委員を務めた人物である。ＮＨＫの幹部の間では前田会長の任命も「葛西人事」だと見られていた。国家公安委員というのは「上がり」の役職であり、官邸からの突然の指名に前田本人も相当に驚いたようで、任命が決議された経営委員会（二〇一九年一二月九日）で、「突然ですので、正直に言うと何でこういうことになったか驚いています」と正直に述べている。

ＮＨＫの次期会長を選出するための指名部会は、「現会長の任期満了日の六か月前に招集する」とされる内規に従って、七月二三日に第一回部会が開かれている。そして前田を任命する一二月九日までに、計八回の指名部会が開かれている。しかし、公表された議事録を見ると、七回目までの部会は、内規の確認、資格要件の確定、スケジュールの確認などで、候補者を挙げての実質的な審議は何も行なっていない。あたかも首相官邸が指名するのを待っているかのようである。

そして一二月九日の午前一〇時から開催された第八回指名部会で、現会長以外の候補者の推薦書を開封し、その写しが委員に配布された。そして複数の被推薦人について、推薦者が経歴および推薦理由の説明を行ない、資格要件などに照らして審議を行なっている。その後、どの被推薦者を会長候補にするか無記名で投票による採決を行なったところ、過半数の賛成を得た被推薦者は前田晃伸の一名であったという。

公表された議事録では誰が前田を推薦したのか、他に何人の推薦者がいたのか、前田についてどのような審議を行なったのか、まったく不明である。その後、石原進指名部会長が前田に電話をかけ、意向を確認し、内諾を得たという。

こうした議事録の公表が、二〇一五年に参議院総務委員会でNHK予算案等が承認された時の「付帯決議」にある、「会長の選考については、今後とも手続の透明性を一層図りつつ」「選考の手続きの在り方について検討すること」に対応した誠意ある取り組みといえるのだろうか。

その日（一二月九日）の午後一時から次期会長任命に関する議決を行なう経営委員会が前田の出席も求めて開催された。冒頭、石原委員長が「前田晃伸氏について所信を伺い、皆さんとの質疑および任命の議決された場合の就任の意向確認を行います」と述べると、前田は先述のように、「突然ですので、正直に言うと何でこういうことになったか驚いています」と述べた。その後、委員と前田の間で質疑が行なわれているが、中身のある回答はほとんど得られなかった。そして石原委員長が最後に、会長就任の意向を確認すると、前田は「もうそのときはやります。やむを得ずですが」と答えている。

前田がいやいや引き受けたことが如実にわかる回答だったが、議決を行なったところ、委員の一二名全員が挙手し、全員一致で前田を次期NHK会長に任命することが決定した。

官邸に覆された板野専務理事の退任

二〇二二年一月に会長に就任した前田晃伸だが、板野専務理事を退任させようとして官邸と軋轢を生むことになる。

二〇二二年六月二八日付の『毎日新聞』は、四月二日に板野専務理事の退任を含む役員人事案が経営委員に郵送されたが、四月六日の経営委員会の直前に事務方から「なかったことにしてほしい」との連絡が入り、六日の会合では理由の説明のないまま人事案の文書が回収された、と報道した。そして四月二〇日の経営委員会では二人の委員が、板野が六七歳と年齢が高いことを理由にこの人事案に反対したが、一〇人の賛成多数で同意されたという。理事は二期四年で辞めるのが通例だが、板野氏はすでに三期六年務めており、さらに四期目に入る異常な状態となった。

前田会長はこの時、板野を退任させ、代わりに熊埜御堂朋子（NHKエデュケーショナル社長）を理事に就任させようとしていた。前田会長は以前から女性理事を増やしたいと発言していた。しかし、官邸から横槍が入り、前田会長は当初の人事案の撤回に追い込まれた。『毎日新聞』は、放送行政に詳しい政府関係者が、「安倍、菅の両政権が板野氏にこだわってきたのは、国民への影響力の大きいNHKの動向を監視し、政権批判をけん制したいからではないか」と指摘したと報じている。

森功は先述の『国商』の中で、元NHK役員の「実は経営委員会宛てに郵送した二日当日に、その前田会長の人事案が外に漏れていたのです。当日のうちに前田会長のところに『なぜ板野を再任しないんですか』と官邸から抗議の電話がかかり始めたといいます。前田会長ははじめ、『官邸から連絡があったけど、いくら何でもおかしい』と突っぱねていたようです。しかし、その前田さんの考え方がわずか数日のあいだに変わってしまった」という証言を紹介している。別の元理事の「私も官邸からの電話の件は聞きました。順番は定かではないけれど、抗議してきたのは杉田和博官房副長官と武田良太総務大臣、最終的に菅（義偉）総理大臣ご本人からも前田会長に連絡があったそうです。さすがに総理から連絡をもらったので、前田さんも板野の再任を断れなかったのでしょう」との証言も紹介されている。

この件について尋ねると菅は「事実はありません」、武田は「そのような事実は一切ございません」と回答し、NHK広報局は「個別の人事に関する内容については、お答えしません」と回答したという。

上田会長も前田会長も板野を嫌い、専務理事から退任させようとしたが、その都度官邸から横槍が入り、果たせなかった。板野がようやく専務理事を退任するのは、稲葉延雄会長時代の二〇二三年四月のことであった。

第8章——NHK会長を市民が推挙する

財界出身者から会長が選ばれるのを阻止したい

葛西敬之氏の眼鏡にかなった人物が官邸によってNHK会長に選ばれるという事態が五期一五年にわたって続いた。NHKの自主自律の気風は後退し、政府の意を体した幹部による介入が続いたうえに、前田会長時代にはリストラと経費削減が進められた。NHKの現場は荒廃して職員の士気は低下し、それはついに第六章で見たような放送番組の明らかな劣化という形で顕在化するようになってきた。

二〇二一年夏頃になると、「前田会長は二〇二三年一月の任期満了をもって退任」という見方が有力になっていた。それが事実ならば、次期NHK会長として再び官邸主導で財界出身者が任命されることを何としても阻止し、公共放送の使命や役割を理解し、政治からの距離を保てる人物を会長にしなければ、公共放送としてのNHKは終わってしまうという危機感を多くの職員・元職員は抱いていた。

二〇二一年九月末、私は永田浩三さん（武蔵大学教授・元NHKプロデューサー）に電話し、「官邸主導の財界出身者の会長任命を阻止するために、私たちに何かできないか」と相談した。すると永田さんは「放送を語る会」の事務局長を務めた小滝一志さん（元NHKディレクター）に相談し、とにかく有志で集まって協議することになった。

一〇月七日、次期NHK会長の選出問題に関心を持つNHK職員と元職員、NHK問題に取り組んできた市民団体のメンバー、メディアの研究者、ジャーナリストなどが都内で集まった。その後、メールや電話での協議を重ね、一〇月一五日、全国の関係者とオンライン会議を開き、「市民とともに歩み自立したNHK会長を求める会」を設立し、NHK経営委員会に対して、「ジャーナリズムのありようや文化的な使命について高い見識を持ち、言論・報道機関であるNHKの自主・自立を貫き通す人物を選ぶこと」「その選定にあたっては、透明性を確保すること」を要求していくことになった。会の共同代表には元NHK経営委員で国立音楽大学名誉教授の小林緑さん、日本ジャーナリスト会議運営委員の河野慎二さん、NHKとメディアの今を考える会共同代表の丹原美穂さん、事務局長には「放送を語る会」の小滝さんが就任することになった。

経営委員会への働きかけを市民運動として展開する方法として、オンライン上で賛同署名を集め、申入書を提出するという方法が検討されたが、各地のメンバーから「市民による会長推薦候補を掲げて、ネットだけではなく紙の署名活動も行なうべきだ」という意見が出された。

NHK会長を市民が推薦するという制度はないが、これまで視聴者運動に取り組む市民団体が、二〇〇七年には元共同通信専務理事の原寿雄氏と、当時のNHK副会長の永井多恵子氏の二人を、二〇一六年には作家の落合恵子氏、元日本学術会議会長の広渡清吾氏、元東京学芸大学学長の村松泰子氏の三人を会長候補に推薦し、運動を展開したことがあった。

最初の呼びかけ文の草案は私が書くことになった。私は官邸主導で五期一五年にわたって財界出身の会長が続いた経緯、そして前田会長の「スリムで強靭なNHK」を目指すという改革によりNHKの現場が危機に直面していること、前田会長が政治圧力に屈してNHKの経営計画を急遽修正したことを説明し、「政治主導で選ばれたNHK会長では、政治家の圧力に抗えない事実が白日の下にさらされました。このままでは公共放送が崩壊しかねません。私たちは、公共放送の健全化を取り戻し、この社会の民主主義を育てるために、ジャーナリズムに深い見識を備え、NHKの自主・自立を貫き通すためのリーダーが、次期会長に選ばれることを強く望みます」と書いた。

ちょうどこの頃、NHKは、すでに策定していた経営計画を、政治の圧力を受けて修正していた。当初は衛星契約のみを一割値下げし、地上契約については小幅な値下げにとどめることとしていたが、政府・自民党の強い反発に遭い、一〇月一一日、急遽、地上契約も含めて一割値下げする方向で経営計画を修正したのである。一〇月一三日に『読売新聞』は、「自民内でも、菅氏や武田良太・元総務大臣、佐藤勉・元総務大臣らが『国民に利益を還元すべきだ』と攻勢を強めた」「自民の閣僚経験者は『前田体制が一時、値下げ幅の縮小を狙ったことは、次の会長人事にも影響するだろう』との見方を示した」などと報道していた。

私が草案を書いた「市民とともに歩み自立したNHK会長を選んでください！」という呼びかけ文で、ネットによる賛同署名の募集が小滝事務局長を中心に始まった。

前川喜平さんが候補者に

賛同署名だけでなく、NHK会長にふさわしい著名人を候補者に掲げて運動を展開したほうがよいという意見が出された。しかし、人選は難航した。実際にNHK会長に選出される可能性がほとんどなく、何の得にもならない候補者を引き受けてくれる人はなかなか現れなかったし、趣旨には賛同してくれても、現職がある人たちは職場への説明が難しかった。

一〇月二三日の会議で永田浩三さんから、元文部科学事務次官の前川喜平さんが候補者になってくれるかもしれない、という話がもたらされた。さっそく、永田さんと私と数人のメンバーで前川さんに面会し、お願いすることになった。

一〇月二五日、私たちは都内の前川さんの事務所を訪れた。前川さんといえば、文部科学事務次官まで務めた人でありながら、二〇一七年に加計学園問題が発覚した時に記者会見を行ない、安倍政権の圧力によって文部科学行政が歪められた事実を告発した人物として知られている。退官してからは夜間中学でボランティアをされている。政権からの不当な圧力に屈せず、公僕としての職責を果たそうとした前川さんの姿は、「市民とともに歩み自立したＮＨＫ会長を求める」私たちの候補にふさわしいと思われた。

私は以前、東京大学の教職員組合が開催した前川さんの講演会で話を聞き、そのウイットに富んだ話しぶりに魅了されたことがあった。その講演会に元文部科学大臣の馳浩氏(現・石川県知事)がお忍びで来ていて驚いたことを覚えている。

前川さんは気さくに出迎えてくれた。私は、財界出身の会長が続いたことによりＮＨＫの現場が悲惨な状況に陥っていること、その流れを食い止めるためにはこの運動を大きく盛り上げて経営委員会に働きかけをしなければならないことなどを切々と訴えた。すると前川さんは、「私が会長に選ばれる可能性はゼロに近いでしょうが、私でよければお力になりましょう」と、受諾してくれた。

個人としては何の得にもならない要請を快く受け入れてくれた前川さんの潔い決断に、私は驚くとともに、頭が下がる思いだった。

前川さんが推薦候補を引き受けてくれたことによって運動は一気に活気づいた。「前川喜平さんを次期NHK会長に！」と呼びかける署名活動、記者会見、街頭宣伝、シンポジウムなどを行なうことになった。署名活動は一一月一日から一カ月間行ない、一二月一日にNHK経営委員会に提出することにした。紙による署名活動も、西川幸さんを中心とした「NHKとメディアを考える会（兵庫）」の方々が署名用紙の印刷・郵送、届いた署名の整理・集計などの膨大な事務作業を一手に引き受けてくれることになった。私はプレスリリース等、会の広報を担当することになった。

今度は永田浩三さんが草案を書き、「前川喜平さんを次期NHK会長に推薦します」という声明を作った。そこには次のように書かれている。

公共放送の理念を理解しているとは思えない財界出身の会長が続き、そのもとで、時の政権に忖度したニュースや世論調査、社会の関心事に応えようとしない日曜討論やNHKスペシャルが日常化しています。二〇二三年一月には新しい会長が、現在の経営委員会によって選出されます。次期会長がこれまでの悪弊を引き継ぎ、市民の宝である公共放送をこれ以上毀損することは許されません。……今回、前川喜平さんは、私たちの願いを受け止め、市民が推薦する

NHK会長候補になることを承諾してくださいました。市民の受信料で支えられる公共放送NHKを、公共の精神が希薄な人物に任せるのではなく、公共の大切さを心の底から理解する人によってよみがえらせましょう。わたしたちは、ここに、前川喜平さんとともに新生NHKの未来をいっしょにつくっていくことを強く訴えます。

「経営は余計なことをしないのがもっとも大事」

一一月四日午前、NHK経営委員会に「前川喜平さんを次期NHK会長に推薦します」との推薦書を提出し、午後には衆議院第二議員会館で記者会見を開いた。三〇人ほどのメディアの関係者が集まった。

皆川学さん（元NHKディレクター）の司会で始まった記者会見は、まず三人の共同代表（丹原美穂さん、小林緑さん、河野慎二さん）が挨拶し、その後、私が、五期一五年にわたって財界出身の会長が続いてきた経緯と、JR東海の葛西氏と「四季の会」の影響力、安倍官邸による恣意的な経営委員と会長の任命について一〇分間ほど説明した。

そして池田恵理子さん（元NHKディレクター）が前川さんの推薦の辞を述べた後、前川さんは原稿ひとつ持たずに、所信を語り始めた。

このたびは、市民の皆さんから「NHKの会長に」とご推薦をいただきまして、身に余る光栄と思い、お受けした次第でございます。NHKの会長に就任いたしました暁には、その「暁」

があるかどうかはわかりませんが、会長に就任したとすれば、私は憲法と放送法にのっとり、それを遵守して、市民とともにあるＮＨＫ、そして不偏不党で、真実のみを重視する、そういうＮＨＫのあり方を追求してまいりたいと思います。

そのためには、番組の編集、あるいは報道にあたって「完全な自由」が保障されなければいけない。その自由こそが、本当に真実を追求することにもなるし、「不偏不党」も、その自由の中でしか実現しないと思っております。これは教育行政にもいえることですけれども、政治的中立性は大事ですが、上から求める政治的中立性は、必ずこれは、権力に奉仕する結果になります。上から政治的中立性を求めてはいけないんです。これは現場の一人一人の心の中にだけ、なければいけない。それは、現場が自由であるということが最も大事であるわけですね。（中略）

はっきり言えば、「経営が余計なことをしない」ということが、いちばん大事なことであってですね。これは、「文部科学省が余計なことをしなければ、教育は良くなる」ということとも同じなんですよ。そういう意味で私は、「余計なことはしない会長」になりたい。政府が「右」と言っても、右を向くとは限らない。政府が「左」と言っても、左を向くとは限らない。政府が「止まれ」と言っても、止まるとは限らない。政府が「行け」と言っても、行くとは限らない。要するに、政府の言いなりには絶対にならない、そういう公共放送、それこそがほんとうの「公共」であって、「お上」に従うことが公共ではない。ほんとうの意味での公共というものを追求するということにしていきたいと思っております。

「放送番組編集の自由」というのは、これは放送法の三条にしっかりと書いてあるわけです。編集の自由というものは一〇〇％保障しなければならないと思っておりますが、会長になった暁には、一つだけ提案したいと思っているものがございます。それはこの四半世紀ぐらいの間の、NHKのあり方を検証する番組を作ってほしい。これはぜひ、現場の人たちに頑張っていただいて、そういう番組を作るということですね。これは命令でなくて「お願い」、提案をしてみたいなと、そんなふうに思っております。

その後のメディア関係者との質疑応答の中で前川さんは、私たちの要請を受けた動機を次のように説明した。

この本は、『かっぱの屁――遺稿集』（法政大学出版局、一九六一年）。高野岩三郎さんという、戦後間もない時期にNHKの会長をされた方の手記です。この中には日本放送協会会長就任の挨拶が記載されていて、これを読んでほんとうにそのとおりだと思いました。「メディアのあり方」として、「大衆とともに歩み、大衆とともに手を取り合いつつ、大衆に一歩先んじて歩む」という言い方をされています。大衆に迎合するんではなくて、一歩先んじて、問題の所在をちゃんと知らせていくと。これは非常に大事なことだろうと思います。（中略）

一方で私は、加計学園問題で非常に強く印象を持ったのは、NHKの非常に閉塞した状況でした。もう五年前のことですけれども、加計学園問題で、私は知っていることを報道機関の方々にも、取材に応じてお話をしたんですけれども。たとえば『週刊文春』とか『朝日新聞』とかね。一生懸命取材して、報じてくれました。ＮＨＫも同じくらい、現場の記者さんが私に密着取材していたんです。私が一人で記者会見したのが二〇一七年の五月二五日ですが、それよりも一カ月前、四月中にＮＨＫの記者さんが私の家まで押しかけてきて、玄関先で映像も撮っているんです。私が加計学園問題について、「これは官僚によって、もっとはっきり言えば、安倍首相によって行政が歪められたんだ」と、私自身が自分の言葉で話している映像をＮＨＫは持っているんです。それ、一切、報じられていません、今に至るまで。私を取材してくれた社会部の記者さんは、文字通り私の目の前で泣いていました。「いくら取材しても、それがニュースにできない」。こういう悔しさがほんとうに伝わってきましたね。これは由々しきことだと。できれば、ＮＨＫの会長になりたいと思っていました。

記者会見に踏み切った一つの理由は、ＮＨＫの記者さんから「記者会見してくれ」と言われたんですね。「記者会見してくれなければ、報じられない」と、そういうところまで追い詰められている、そういう現場の記者さんの苦しみを、私は分かち合うことができました。だから、ＮＨＫの会長に就任した暁には、その「暁」があるかどうかわかりませんが、現場の記者さんの自由な取材や行動を最大限、保障するということが、会長の任務だろうと思っております。

記者との質疑応答が終わると、法政大学教授の大﨑雄二さん（元ＮＨＫ記者）が、ＮＨＫ職員から寄せられた声を紹介した。私は一九八九年の四月から五月にかけて、当時ＮＨＫの北京特派員だった大﨑さんと一緒に、民主化を求める北京の学生運動を取材したことがあった。私の要望を受けて大﨑さんはこの運動に参加してくれた。

大﨑さんは、「会長が財界人続きのせいもあるのか、NHK自体が『公共』でなく『経済集団』に変わっていることへの危機感がある。『かんぽ不正問題』を契機に経営委員会の議事録を読んだが、被害に遭われた方に寄り添う気持ちは微塵もなく、経営者の視点で押し通す傲慢なやりとりに、一般の生活実感とかけ離れていると感じた」など、現場で働く職員から寄せられた切実な声を紹介した。

この記者会見での前川さんの言葉を聞き、私は前川さんを推薦候補にしたことは正解であったと確信した。この記者会見の模様はネットメディアのIWJがライブ配信してくれた。多くのNHK職員がそれを見て、「前川さんの話を聞きながら涙が出た」「心底、前川さんに会長になってほしいと思いました」などの感想を寄せてくれた。

記者会見に多くのメディア関係者が取材に来てくれたのはよかったが、その後の報道は物足りないものだった。共同通信や東京新聞、しんぶん赤旗は記事にしたが、朝日新聞と毎日新聞は一切取り上げなかった。

両社の記者は熱心に取材してくれたが、「力及ばず記事にできませんでした」との連絡が来た。「NHK会長の人選は、市民の推薦を受ける制度になっていない」ということが、デスクを説得できない主な理由のようだった。そんな朝日新聞と毎日新聞も、「どのような仕組みでNHK会長は選ばれるのか」について、一一月末に記事を掲載した。私たちの運動がNHK会長人事に対する社会的関心を喚起させたことは確かなようだったが、朝日と毎日は最後まで私たちの「前川喜平さんを次期NHK会長に」という運動については言及しなかった。

NHK西口玄関前の演説

一一月二二日にはNHK西口玄関前で宣伝を行なった。前川喜平さんは宣伝カーの上でマイクを握り、NHKで働く人々に向かって次のように語りかけた。

図らずも、NHKのことをたいへん心配していらっしゃる市民の方々の要請を受けまして、「市民が推薦する次期NHK会長候補」ということになりました。まあ、経営委員会が私を選ぶ可能性はほとんどないとは思いますが、しかし、本来、市民に開かれたNHKであれば、私が自分で言うのも変ですけれども、有力な候補になりうるのではないかと思っております。メディアと教育、私は教育行政をずっとやってまいりましたが、メディアと教育は、民主主義の基本なのです。メディアと教育が崩れたら、民主主義は崩れます。今、崩れかけているのです。

（中略）

メディアが政府のウソばかり垂れ流していたら、市民、国民はほんとうのことを知ることができません。ほんとうのことを知ることができなければ、間違った政治を正すこともできません。そういう状態がもう、どんどん、どんどん進行しているのが、今、現在の状況だろうと思います。そうやってメディアをコントロールすることによって、長期政権というものが実現してきたんだろうと。これを何とか逆転させなければ、ほんとうに日本の民主主義が危ないと、私は思っております。

　そういう思いがあるからこそ、突然のご依頼でございましたけれども、ＮＨＫ会長の候補というのをお引き受けしたわけであります。万が一、ＮＨＫ会長になった暁にはですね、ほんとうに私は、ＮＨＫをもっともっと明るく自由な場所にしていきたい。自由に番組を編集する、自由に取材し、自由に報道する。ＮＨＫの会長がいちばんやらなければいけないことは、「組織の中の自由を確保すること」です。その自由を脅かす外からの力をはねのけることです。それこそが、ＮＨＫの会長の真っ先にやらなきゃいけない任務だと思います。

　ところがこの間、外からの圧力、政治の権力からの要請に唯々諾々と従うような人たちが会長に選ばれてきた。そういう会長を選ぶような人たちが経営委員に選ばれてきた。私はこれまでの経営委員の顔ぶれを見て、ほんとうに愕然とする思いですね。これは、日本の民主主義の世界から見れば、いてはならないような人たち。そのような人たちが経営委員をやっている。そういう人たちが選ぶんだから、とんでもない人にしかならないわけです。結局、政権が選んだ人が会長になっている。公共放送というのは、社会に開かれて、市民に開かれた存在だからこそありうるわけであって、視聴者、市民に支えられて、視聴者、市民の中に入っていってこそ、はじめて公共放送としてのＮＨＫがありうるんだと思います。ほんとうに市民が知りたいと思っていることを知らせるんです。あるいは市民がまだ知らないことを真っ先に気がついて知らせてあげる。

二〇一二年の暮れから一七年のお正月までこの四年間、私は第二次安倍政権のもとで文部科学行政にたずさわっておりましたが、どんどん、どんどん教育がおかしくなっていく。（中略）

私は文部科学省に勤めている間、「面従腹背」というのを、実は、座右の銘として、おかしな命令には心の中ではあらがう、表面上は従わざるえないことが多いんですが、しかし心の中ではあらがうと、こういうつもりで仕事をしていたんです。

おそらく今、ＮＨＫの中で仕事をしておられるたくさんの職員の方の中に同じ思いの方がたくさんいらっしゃるのだろうと思います。「こんな組織でいいのか」と、「こんな仕事でいいのか」と、「こんなことをさせられる自分でいいのか」と思いながら、やむを得ざる思いでその仕事をやっている。やりたいことができない、しかし「なんとか、いつか、自分がやりたい仕事ができるようになりたい」「ほんとうに自由な番組編成、自由な報道がしたい」、そういう思いで仕事をしているＮＨＫの職員はたくさんいらっしゃるはずです。私は、「出口のないトンネルはない」「春の来ない冬はない」「こんなＮＨＫがいつまでも続くわけはない」「いつか皆さんが自由に、ほんとうに市民のための仕事ができる」「そういう時代が必ず来る」と、それを信じて、くじけずに頑張っていただきたい。心の中の自由は決して売り渡してはいけない。自由があるからこそほんとうの公共性というものが生まれます。

精神が隷属した人間には、ほんとうの公共性を実現する力はありません。ほんとうの自由の中からこそ、ほんとうの公共性が生まれる。だから、くじけずに頑張っていただきたい。

次に、大崎雄二さんが同期入局の正籬副会長に向かって、「政治に忖度しないで、放送現場で頑張っている後輩たちのために働いてほしい」とスピーチした。

それに勇気づけられる形で私もマイクを握り、NHKで働く人々に向けて次のように語りかけた。

NHKで働く職員、スタッフの皆さま、インターネットを通じて、この配信を見てくださっている全国の皆さま、こんにちは。私は元NHKディレクター、プロデューサーの長井と申します。いま話をした大崎特派員とは、一九八九年に北京で、学生を中心とする民主化運動が起こっている時に、一緒に北京大学や清華大学に潜入取材し、NHKスペシャルを作ったことがございました。あの時、本当に青春でしたね。おそらく、中国を取材したNHKスペシャルはいっぱいあるのでしょうけど、当局の許可を一切取らず、潜入取材のみで作ったNHKスペシャルは、あれ一本だけだと思います。本当に素晴らしい番組だったな、と思い出します。

続いて本書でこれまで述べてきたような、前田会長による「改革」の数々がいかにNHKの現場の実情を無視したものであるか、五〇代職員を狙い撃ちにした「改革」や外資系コンサルへの巨額支出などが、いかにNHKで働く人々の士気を下げているか、そして、財界出身の会長が続いたことで政府との緊張関係が失われてきたことを指摘したうえで、次のように述べた。

もう財界出身会長は辞めていただかなくちゃいけない。問題は、次の会長をどう選ぶか、です。現在の森下俊三経営委員長も、安倍政権の時に経営委員になった人です。政府べったりの人ですよ。（中略）放送法を平然と踏みにじるような人が中心となって、官邸と相談して決めるんでしょう。でも、現在の岸田官邸はNHK会長人事どころではありませんので、だとすると与党の有力議員と相談して決めてしまうかもしれないんですよ。そうなってしまったら、とんでもない会長が選ばれてしまう可能性があります。何とかそれを阻止しなければならない、そういうふうに思って前川さんにお願いをして、こういう運動を始めました。

改革は必要でしょう。これだけメディア環境が変化して、社会も変わってきて、公共の概念も変わってきている。そういう中でも、NHK、公共放送にできることはいっぱいあるし、私は日本社会に公共放送は絶対に必要だと思っているんです。改革は必要だけれども、それはまず現場で議論をし、ボトムアップで、公共放送はこれからどうあるべきなのか、ネット時代にどういう公共サービスがあり得るのかを議論し、組織改革はどうすればいいのかも現場で議論をして、ボトムアップで改革していかないとダメだと私は思っているんです。（中略）

このままだと、NHKはもたないんじゃないかと、非常に心配しています。ぜひ、働く職員・スタッフの皆さん、みんなで議論をしていっていただきたいと思います。

この時もIWJがライブ配信してくれたので、現場に来ることのできない各地の市民団体の人々が前川さんのスピーチを生で視聴することができた。また、放送センターの中で多くの職員、組合幹部が視聴していた。

署名提出とシンポジウム開催

一一月三〇日までに賛同署名は、四万四〇一九筆に達した。紙による署名が二万四二五筆、ネットによる署名が二万三五九四筆、である。

一二月一日午前、紙による署名原本と、ネット署名の署名簿を、NHK経営委員会に提出するため、NHK放送センターの視聴者対応窓口であるハート・プラザに持参した。電話での事前の申入れには「署名を窓口で受け取ることはできないので郵送してほしい」と言っていたハート・プラザも、職員が出てきて対応した。机の上には署名用紙がうずたかく積み上げられた。緊張した面持ちで対応に出てきた担当者（OBの嘱託職員とのこと）は、丁寧に受け取り、「経営委員会事務局に届けます」と述べた。

そして、この日の午後には、衆議院第一議員会館で、シンポジウム「公共放送NHKはどうあるべきか」を開催した。パネリストは前川喜平氏のほか、金平茂紀氏（ジャーナリスト）、上西充子氏（法政大学教授・国会パブリックビューイング代表）。鈴木祐司氏（次世代メディア研究所代表・元NHK放送文化研究所主任研究員）が最新のNHKを取り巻くメディア状況について報告、司会は永田浩三さんが務めた。

金平氏は今回の前川さん推薦運動について、次のように述べた。

前川さんを推挙するという話がきたときには、「これは面白いな、適材だな」と。僕は前川さんを取材対象として、取材する人間としてお付き合いしてきました。とても潔いですよね。公務員のあるべき姿みたいなものを、ちゃんと持っておられる方だと思っていました。ダメだと言っているだけでは何も変わらない。変わるきっかけというのですか、僕は案外、真剣なんです。だって、次に選ばれる人は、前川さんと比較されることになるじゃないですか。（中略）けっこう困ってると思う、向こうは。透明性を求めて、なぜその人を選んだのかをきちんと明示するよう求めるのは有効な運動だと思う。

稲葉延雄氏をＮＨＫ会長任命

二〇二二年一二月五日、ＮＨＫ経営委員会は次期ＮＨＫ会長に元日本銀行理事の稲葉延雄（のぶお）氏を選出した。

森下俊三経営委員長は記者会見で、稲葉氏を選んだ理由について「自主性・自立性が必要とされる日本銀行において、豊富な経験、幅広い知識・見識があること」「公平・公正を重んじる公共メディアという観点を強く意識しており、ＮＨＫのガバナンス強化に期待が持てること」などを挙げた。

稲葉氏は同日、「突然のご指名で大変驚いておりますが、できるだけ早く実情を把握し、公共放送の使命にふさわしい仕事をしていきたいと思います」というコメントを発表した。

稲葉氏が選ばれた経緯について『読売新聞』は一二月六日、「岸田文雄首相の意向が反映された」として、「首相は、稲葉氏が官民のいずれでも豊富な経験を持つことを重視し、約一万人の職員を抱える組織のトップとしてふさわしいと判断したようだ」「NHK会長職の年収は約三〇〇〇万円と、有力財界人にとって十分と言えず、国会答弁などで矢面に立つことも敬遠され、人事は難航することも多い。『今回も複数の財界人に断られ、最終的に稲葉氏に行き着いた』（自民党幹部）との見方もある」「政府高官によると、首相は水面下で稲葉氏に接触して口説き落とし、自民の麻生副総裁や菅前首相ら総務大臣経験者の根回しを行ったという」などと伝えた。各紙もこの記事の後追い取材をし、稲葉氏の選出には首相官邸の意向が働いたという記事を書いた。また、『週刊現代』（一二月二四日号）は、岸田首相に稲葉氏を推薦したのは、宮沢洋一自民党税調会長であると報じた。

報道が事実であるとすれば、「新会長には時の政権から独立した公共放送のリーダーにふさわしい人物を」と運動してきた私たちの願いが完全に裏切られたことになる。

私たちは、浪本勝利氏（立正大学名誉教授）と大﨑雄二氏が中心となって抗議声明と公開質問をまとめ、一二月九日付で経営委員会に送付した。

会長任命の責任を放棄した経営委員会

稲葉会長が選出されるに至る指名部会の議事録（全八回）が一二月二三日に公表された。

公表された議事録の多くは、三年前に前田会長が選出された時の議事録をコピーして貼り付けたにすぎない内容だった（私たちの抗議文・公開質問に対する経営委員会からの回答のほとんどは、その議事録をコピーして貼り付けたもので、いわば「コピペのコピペ」であった）。

最後の指名部会（一二月五日）が開催された日の午後に開かれた「次期NHK会長任命に関する議決」を行なった経営委員会の議事録は、前段部分が三年前とまったくの同文である。そして、稲葉氏との質疑が終了した後の審議は三年前と比較すると極めてシンプルで、一一人の委員が「適任」「賛成」の意見表明をしただけの内容である。そして議決を行ない、全員一致で稲葉氏を次期会長に任命することを決定した。すなわち、今回もまたNHK経営委員会はその責任を完全に放棄し、官邸が指名した人物を、形式的な手続きをとって任命しているに過ぎないのである。

一二月六日にNHKで記者会見した稲葉氏は、記者からの「就任を決意した理由は？　迷いはなかったのか？」との質問に、「本当に突然にお話があって、迷っている暇なく昨日がきたという感じです。このあたりは現会長の前田さんもそうだと言っていましたから、私だけが違うということではないんじゃないか」と答えている。

二〇二三年一月二五日、会長就任会見に臨んだ稲葉氏は、記者からの「会長選出時に多くの社が岸田文雄首相側の意向が働いたと報じていた。選出前に、首相側から打診があったか」と問われると、「私にそういう動きがあったかということか？　それはない」と断言した。

記者から「NHKにはこれまでも政治的圧力があったと指摘されている事例がたくさんある。会長として政権と今後どう向き合うのか」と問われると、「NHKは放送法に基づいて運営されている。放送法では自主自律・公平公正な立場を堅持して、何人からも干渉されない対応をしていくべきものだとうたわれているし、そのように行動すべきだと思っている」と答えた。

井上樹彦氏の副会長任命

二月一四日、副会長に井上樹彦（いのうえたつひこ）氏が任命された。

井上氏をよく知るNHKの元幹部は、「井上さんは会長になることだけを目指して、副会長としてNHK執行部に復帰したのだろう」と語る。籾井会長時代に理事を務め、籾井氏が進めていた土地購入計画に板野専務理事とともに反対して、二〇一六年四月に理事を辞めさせられている。その後、関連会社のNHKアイテック社長、放送衛星システム社長などを務め、副会長に任命された時は放送衛星システムの特別主幹を務めていた。NHKの人事の常識で言えば、副会長候補に名前が挙がることは、まず考えられない。前田晃伸前会長は自ら一番若手だった正籬聡理事を副会長に選ぶことができたが、稲葉氏にはそうしたことは許されなかった。

『週刊現代』は前年一二月の段階で（一二月二四日号）すでに副会長候補として井上氏の名前を挙げていた。

それによれば、岸田総理は菅義偉氏に稲葉会長案を直談判し、菅氏は難色を示したが、「麻生さんが『会長はお飾りだ。実務者の副会長を取れよ』と菅さんをなだめて呑ませた（自民党閣僚経験者）」という。そして、記事はこう書く。

「次なる焦点の副会長人事は一月中に決まる、最右翼は元政治部長の井上樹彦元理事である。『菅氏の総務大臣時代に昵懇となった記者で、「忖度の人」として有名。岸田総理としては、井上氏の副会長就任も阻止したい』（NHK関係者）」

ノンフィクション作家の森功氏は、「井上副会長を指名したのは菅氏ではなく、麻生氏と甘利氏だと聞いている。井上氏は菅氏から二人に鞍替えしたのかもしれない」と、二〇二三年四月三〇日に『公共放送NHKはどうあるべきか　「前川喜平さんを会長に」運動の記録』（三一書房、二〇二三年四月）の出版を記念して開かれたシンポジウムで語っている。

任命後の会見で、記者から政治との距離を問われた井上副会長は、「政治との関係で、それに屈した経験は私はない。そんなことで揺らぐようなNHKの放送の内容ではないと思う」と答えている。だが、政治家から指名されて任命された副会長が、本当に政治との距離を保つことができるのか。

NHKでは現在、「稲葉会長は一期（三年）で終わり。その後は井上副会長が会長に就任することが既定路線」という話が、幹部たちの間でまことしやかに語られている。

第9章 森下経営委員長の証人尋問から全面勝訴へ

ＮＨＫに文書開示を求める訴訟を提起

二〇二一年六月一四日、私たち「ＮＨＫ経営委員会の議事録全面開示を求める会」は、「二〇一八年四月二四日に放送された『クローズアップ現代＋』を巡ってＮＨＫ経営委員会でなされた議論の内容（上田良一会長に対して厳重注意をするに至った議論を含む）がわかる一切の記録・資料」の開示と、精神的損害慰謝料の支払いをＮＨＫと経営委員長の森下俊三氏に求める訴状を東京地方裁判所に提出した。

本書の第三章・第四章で詳述したように、ＮＨＫ経営委員会は、かんぽ不正をめぐるスキャンダルを報じようとする現場を、元総務省事務次官である日本郵政幹部の意向を受けて押さえつけ、むしろ当時の上田ＮＨＫ会長に「厳重注意」を与えるという、放送法に反する異常な行動をとった。そのうえ、経過が記されているはずの経営委員会の議事録を、これも法に反し、ＮＨＫ自身の審議会の答申にも反して、開示せずにきた。それに対する提訴であった。

一般的には、情報公開請求裁判は行政訴訟という形式で起こされている。それは、「行政機関情報公開法」あるいは「独立行政法人等情報公開法」にもとづいて情報開示を請求し、不開示決定を受けた場合に、その「不開示という行政処分」の取り消しを求める訴訟だ。

しかし、ＮＨＫにはどちらの法律も適用されていない。それは「独立行政法人等情報公開法」が制定されたときに、ＮＨＫが公共放送であることに配慮し、対象の適用外とされたからだ。

そこでNHKは視聴者に対する独自の情報公開制度を作り、運用してきた。そのため、私たちは行政訴訟としてではなく、民事訴訟として、受信契約にもとづく文書開示請求権の行使という、前例のない裁判をすることとなったのである。

裁判の争点

第一回の口頭弁論は二〇二一年九月二八日、東京地裁第一〇三法廷で開かれた。原告代表三名と、原告代理人一名の意見陳述を行なった。その後、被告のNHKと森下氏が九月に答弁書を提出した後、原告・被告の双方が数多くの準備書面を提出し、二〇二二年一二月までに六回の口頭弁論期日が開かれた。この間、私は原告団の事務局長として、弁護団・幹事会と準備書面等の作成の打ち合わせ、口頭弁論期日後の記者会見・報告集会の準備の打ち合わせ、報道関係者へのプレスリリースの作成などの作業に追われた。

この訴訟で私たち原告側が求めたのは、会長を厳重注意したときの経営委員会の議事録の全面開示と、森下氏の議事録隠しの責任の追及だった。裁判では原告側が「議事録の作成は経営委員会の法的義務であり、これをないとは言わせない。隠蔽せずに全面開示せよ」と求めたのに対し、森下氏側は「提訴後に原告に開示した『粗起こしの逐語的記録』がすべてであり、ほかには何もない」と主張した。原告が「では、その『粗起こし』を正式な議事録としてNHKの公式サイトに掲載せよ」と迫ると、森下氏側はそれを拒否した。原告はさらに「少なくとも『粗起こし』の元データがあるだろう。音声記録か画像記録か、その生データを出してもらえば、『粗起こし』

の正確性を検証できる」と水を向けたところ、森下氏は「もう消去して現存しない」と答えた。こうして、森下氏の議事録隠蔽は、議事録を記録した録音データの消去問題に発展した。

私にとって予想外だったのは、被告の一方であるＮＨＫ側が、情報公開規定で「開示を求められるのは放送受信契約をした者に限らず、視聴者に広く認められる」と答弁してきたことだ。また、原告側が「その内容を全て公表せよ」と求めたことにも、ＮＨＫは現在は正式な議事録が存在しないので公表していないが、「議事録としての作業手続きが完了すれば、公表済みの各議事録とそれぞれ一体をなすものとして、追加で公表されるものと想定される」と陳述した。こうして、議事録の公表を拒んでいるのは森下氏だけで、それは、自らが放送法第三二条に違反する言動をしていることが浮き彫りになるのを避けるためであることが明らかになった。

第七回口頭弁論・三人の証人尋問

約二年にわたって審議が続けられてきた訴訟は、二〇二三年六月七日の第七回口頭弁論期日で、森下経営委員長、中原常雄ＮＨＫ経営委員会事務局長、原告代表として私の証人尋問が行なわれることになった。この証人尋問のために、私は二四頁（約二万字）に及ぶ陳述書を書き、裁判所に提出した。

私が裁判所で証人尋問に臨むのは、一八年前、二〇〇五年一二月二一日に「ＮＨＫ番組改変裁判」の二審で、東京高等裁判所に出廷して証言して以来だ。

法廷の被告代理人席にはいつものように森下経営委員長の代理人が三人、ＮＨＫの代理人が五人、すでに着席していた。森下氏がどこにいるか探すと、傍聴人席の最前列に座っていた。となりに六〇歳ぐらいに見える男性が座っており、この人が中原事務局長であった。顔には見覚えがなく、NHK時代に一緒に仕事をしたことはなさそうだ。森下氏の姿は、記者会見や国会答弁などの映像を通じて、いやというほど見ていたが、実際にお目にかかるのは初めてだった。

中原経営委員会事務局長の証人尋問

午後一時一〇分に開廷すると、最初に中原事務局長が緊張した面持ちで証人席に立った。まず、被告森下氏側の代理人による主尋問で、二〇一八年一〇月に「会長厳重注意」が行なわれた経営委員会議事録の録音データの取り扱いについて、「経営委員会で議事録の内容が確認され、確定された段階で消去されます」と述べた。そして昨年四月に行なわれたという調査について以下のように証言した。

中原　二〇一八年一〇月から一一月当時、事務局で誰がその議事録の担当職員だったのかということをまず調べるために、事務局職員からヒアリングを行ないました。その結果、当時、議事録の草案作成を担っていた職員が二名いることが判明いたしました。その後、その二名に対し、ヒアリングを行ないました。また事務局にある共有フォルダや、また当時の担当職員の業務用パソコンに当該データが残されていないか確認する調査を行ないました。

代理人　誰が具体的にどの回の議事録の草案作成に携わったかということを特定することがで

きましたか。

中原　まず事務局に残されている資料からは判明できませんでした。また二名に対するヒアリングからもどの回を担当したかということについて明確な記憶がなかったことから、どの回を担当したかということは特定することができませんでした。

私は、なんという杜撰なヒアリング調査か、と呆れた。会長が経営委員会から厳重注意を受けるという緊迫した会議に臨席し、ＩＣレコーダーで録音していた人物が、そのことを忘れることなどありえるだろうか。職員が作成したという議事録草案は、一〇月二三日の回の非公表部分だけで三五頁にも及ぶ。そのような膨大な書き起こし作業をさせられて、そのことを忘れてしまうなどということがありえるだろうか。

代理人　次に事務局で使用している共有フォルダ内も探したということですけれども、そこに本件録音データはありましたか。

中原　ありませんでした。

代理人　当時の担当職員の方が使用していたパソコンには本件録音データはありましたか。

中原　ありませんでした。

その後、私たち原告側の代理人の澤藤大河弁護士から、中原氏が行なったとする調査の不備が追及された。中原氏は問題が起こった二〇一八年当時は経営委員会事務局にはいなかったので、原告代理人の厳しい尋問にしどろもどろになり、絶句している様子を見ていると、私は少し気の毒に思えた。原告代理人が担当職員二名の肩書きと名前を明らかにするように求めたのに対し、中原事務局長は、「本人から公表することを拒否されておりますので申し上げることができません」と拒否した。すると裁判長が次のように回答を促す。

裁判長　裁判所としては、あなたが先ほどおっしゃった理由で、聞かれたことに答えないということは法律上はできないというふうに思っていますので、ご質問に対してはお答えいただきたいと思っていますが、いかがですか。

中原　当事者に確認しないとわからないというふうに思います。当事者からは拒否されているということですので、いま私がこの場で何か申し上げることはできません。

裁判長　先ほどの理由ではお答えを拒む理由にはならないと思います。もう一回確認しますけど、お答えになりませんか。

中原　今、この場ではお答えできません。

中原氏はこの証人尋問を最後にNHKを定年退職した。もう法廷に立たされることもないだろう。

森下経営委員長の証人尋問

いよいよ森下経営委員長の尋問が始まった。まず森下氏側の代理人の主尋問で、非公表部分の議事録の性格について次のようなやり取りが行なわれた。

代理人　公表部分についても非公表部分についても、議事経過という形で粗起こしが作成されるということで間違いないですか。

森下　はい。議事録は公表部分と非公表部分が合わさって議事録であります。

代理人　非公開部分について署名はされていないけれども、正式な議事録として扱われるからこそ、今回、開示請求者に対して粗起こしが開示されたということですね。

森下　はい、そうです。

この証言に私は驚いた。市民などからの非公開部分の議事録（粗起こし）の開示請求を経営委員会は拒みつづけたが、私たちが提訴した（二〇二一年六月一四日）直後の七月九日にようやく開示した。しかし森下委員長は、「開示」はするが「公表」はしないとして、今日に至っている。この「開示はするけれども公表はしない」ことが決められた二〇二一年六月二二日の経営委員会議事録を見ると、森下委員長はその理由を、「これはあくまでも議事録ではなくて、議事の経過を記録したものという整理です。だから、すでに公表している議事録を変えるつもりはありません」と説明していた。つまり森下氏は、非公開部分の議事録（粗起こし）は正式な議事録とは認められないので「公表」はしない、と言っていたのである。今回の証人尋問で森下氏は、議事録の遅滞のない作成と公表を定めた放送法第四一条違反を問われることを避けるために、非公表部分については、粗起こしのままで確認と署名が簡略化されていたが、正式な議事録の一部であると認めたのだ。放送法第四一条では、議事録の一部を非公表にすることは認められても、非公表部分の議事録を作成しないということは許されないからである。しかし今回の森下氏の「議事録は公表部分と非公表部分が合わさって議事録」との証言は、経営委員会での「これはあくまでも議事録ではなくて、議事の経過を記録したもの」という発言と完全に矛盾しており、森下氏が「開示はするけれども公表はしない」とした理由を自ら否定してしまったことになるのである。

過去の番組の感想を述べ合っただけ

森下氏への尋問は、二〇一八年四月二四日に放送された「クローズアップ現代＋　郵便局が保険を〝押し売り〟⁉　郵便局員たちの告白」に対して、同年一〇月二三日のＮＨＫ経営委員会で森下氏が激しく批判した点に及んだ。原告代理人の佐藤真理弁護士と澤藤統一郎弁護士が追及する。

代理人　「今回の番組は取材も含めて、極めて稚拙といいますかね。さっき、取材が正しいという話もあったけれど、取材はほとんどしていないです」。こうあなたは発言しましたね。

森下　はい。

代理人　これがガバナンスの問題ですか。

森下　いや、これは単なる過去の番組に対する感想を述べただけであります。

代理人　「取材はほとんどしてないです」と、ここにあるんですけどね。これは誰からこういう情報を仕入れたんですか。

森下　それは私の感想です。

代理人　そういうことをあなたは経営委員会でしゃべるわけですか、論理もなし。

森下　経営委員会の中の議論ですから。感想を述べ合っているだけです。

代理人　日本郵政の鈴木上級副社長から仕入れた話じゃないの。

森下　いや、そんなことはありません。

代理人　「本当は彼らの気持ちは」、彼らというのは、これは日本郵政のこと、「彼らの気持ちは納得していないのは取材の内容なんです」。こちら、こちらというのは取材のこと、「こちらに納得しないから経営委員会に言ってくる」。あなたはこういう発言をされたんですか。

森下　発言しました。

（中略）

代理人　結局、経営委員のみなさんがガバナンスというのは名目だけで、実際はこの放送内容がけしからんという郵政の申入れをそのままうのみにして、会長厳重注意にしたということではありませんか。

森下　いや、まったくそういうことではありません。基本的に皆さん、感想を述べ合っているだけであります。飽くまでもガバナンスの議論をしております。

代理人　「実際、現場へ行っていないんです。そのインタビューしたものを一部だけ捉えているから全く詐欺行為だとか、自分たちに合うストーリーで言葉をとっているわけです、それで郵政の連中が怒っちゃったわけです」、ということをあなたは鈴木上級副社長からの意見を借用して述べてますね。

森下　違います。これは私がSNSを確認しただけです。鈴木さんがこんなことしゃべってません。

代理人　現場に行っていないんだというのは、あなたは何を根拠にこういうことを言ったんですか。

森下　NHKの当時のSNSに書いてありました。これは新しいやり方でするので、インターネットだけで調査をしてやるんだっていうことが当時流されたNHKのSNSの情報にありました。

二〇一八年七月、NHKは続編の放送に向けて、情報提供を求める二本の動画をSNSに掲載したが、そこには「SNSを通じて集まった情報だけで番組を作る、それ以外の取材はしない」などとは、もちろんどこにも書かれていない。さらに原告代理人が追及する。

代理人　ガバナンスの名を借りて、実は郵政と一緒になってＮＨＫの番組に不当に介入した、こういうふうに言われてきた。つまりガバナンスは名目だけで、実は番組攻撃だったんだと、こういうふうに追及を受けてきたのではありませんか。

森下　いや、全く違います。

代理人　あなたが今のように言いつのればつのるほど、ＮＨＫに対する国民の信頼は希薄化していった。そういう自覚はありませんか。

森下　まったくありません。そういうように理解していません。

視聴者の中に被害者は入っていない

驚いたことに、被告の一方であるＮＨＫの代理人も森下氏の番組批判発言を厳しく追及した。ＮＨＫの代理人が、「このようなお話をされたことが放送法三二条二項の違反、具体的には個別の放送番組の編集に対する干渉にあたるのではないか、このようなやり取りをしたことがオープンになれば、放送法三二条二項の違反があったのではないかと批判されるのではないかと心配したこと、懸念に思われたことはありませんか」と聞くと、森下委員長は、「ありません。これはあくまで感想を述べたことでありました。全体のマネジメント、ガバナンスの話です」と証言した。

被告ＮＨＫの代理人が、「森下さんのおっしゃる、取材も含めて極めて稚拙、というのはどういう意味でしょうか」と問うと、「インターネットで意見を募集して、それでやっているということで取材してないと、それだけの感想です」と答え、さらに「インターネットで意見を募集しているところが取材の手ぬきであると?」と問われると、「はい、実際に足で稼いでいない」「インターネットだけでやっているということですね」と答えた。さらに「インターネットだけでしかやっていないということはなぜわかるんでしょうか」と聞かれると、やはり森下氏は「それはSNSに書いてありましたよ」と答えた。

さらに他のNHKの代理人から、『今回の番組は取材も含めて、極めて稚拙といいますかね。さっき、取材が正しいという話もあったけれど、取材はほとんどしていないです』。これは平成三〇年四月に放送されたクロ現+のかんぽ生命不正販売に関するご意見ですよね?」と聞かれると、森下委員長は「これはSNSのほうだと思います。その後の……」と答え、「今回の取材も含めて?」との問いには、「はい、そうです、SNSのほうですね」と、事実にもとづかない証言を繰り返した。

今回の森下経営委員長の証言で私が一番驚いたのは、原告代理人の澤藤統一郎弁護士との次のやり取りである。

代理人　あなたは、視聴者目線という言葉を使っている。この視聴者目線、あなたが言うこの場合の視聴者目線って誰の目線のことですか。

森下　視聴者です。

代理人　誰、視聴者って?

森下　いや、これについては、郵政三社から苦情を受けましたので、郵政三社も視聴者の一部であります。

代理人　郵政三社というのは、郵政の社長やら上級副社長やら、それからこの当該の番組で詐欺まがいの悪徳商法をやっているんだと指摘されたグループのことを言っているわけですね？

森下　いや、それだけではなくて、基本的にそういうところからこういう形で苦情が出たので、それに対応しているということです。

代理人　私が聞いているのは、その視聴者目線とは誰のことか。番組が悪徳商法を摘発する。その場合は悪徳商法として摘発された人、これも視聴者ですか。目線として待遇しなければならない？

森下　ちょっと筋が違うと思います。私が言っている意味では違うと思います。

代理人　あなたが言うので、その一般視聴者の中に、郵政の社長や上級副社長が入っていることはわかった。この被害者、この番組で被害者となった人たちの目線は入っているんですか。

森下　いや、番組の内容ですから、それは入っておりません。

「かんぽ生命保険の不正販売の被害者は視聴者には入っていない」というこの発言に、私は椅子から転げ落ちるほど驚いた。法廷の傍聴人からも驚きの声があがった。

私の証人尋問

この日の最後に、私が原告代表として法廷に立ち、証言した。

まず、ETV2001問題がきっかけでNHKを去り、「もう二度とNHKの問題には関わるまい」と思っていた私が、再びNHKの問題に取り組むことになったのは、「会長厳重注意」をめぐる二〇一九年九月の毎日新聞のスクープ報道であったこと。NHKの関係者に取材をしたところ、会長厳重注意の一週間後に放送された「クローズアップ現代＋」から郵便局の問題がすべてカットされたことを知ったこと。報道をきっかけに開かれた野党合同ヒアリングでの二〇一九年一〇月三日の森下経営委員長代行（当時）の証言、一〇月四日に高橋正美監査委員の証言などから、この時点で非公表部分の議事録（粗起こし）は存在しておらず、一〇月一一日の高市総務大臣の発言を受けて急遽録音データを基につくられたこと。これほど大問題となった経営委員会の録音データを消去するなどということはあり得ず、録音データは今も存在しているだろう、と証言した。その後、原告代理人の杉浦ひとみ弁護士の質問に答える形で以下のように証言した。

代理人　原告の方たちは、今回のこの裁判、訴えるにあたってどういった被害がありましたか？

長井　私は元NHKの職員ということで、基本的にはやはり公共放送は日本社会に絶対必要だと思っているんですね。やはり民主主義の向上と文化の発展のためには必要だと思っているので、そのNHKは健全であってほしいと、真実を伝える放送局であってほしいということが前提にあって、しかも古巣のことですから後輩たちが非常に苦労していることは忍びないので、そういう意味でこういう活動をしているわけですけれども。

今回提訴するにあたっては、日頃、NHKの問題やメディアの問題に取り組んでいる市民団体、市民運動の方々と初めてご一緒する機会があって、皆さん考えていることは、やはり、真実を知りたい、憲法で保障されている表現の自由が日本の社会、日本の民主主義を守る、社会正義を実現するために非常に必要で、NHK、公共放送に期待していると。だからNHKが放送すべきことを放送しなかったり、隠したり、事実をねじ曲げたりすることに、期待しているからこそ非常な憤りと危機感を皆さんお持ちになっている。（中略）

NHK情報公開・個人情報保護審議委員会の答申が出て、基本的にNHKの情報公開制度はこの答申に従うことになっているわけですから、我々は当然、この最初の答申が出た二〇二〇年五月、これで会長厳重注意の議事録はすべて公表されて、何があったのかを我々も知ることができると期待をしていたわけです。ところが森下さんが経営委員長を務める経営委員会は、いつまで経っても開示するという判断をせず、総務大臣にいろいろ言われたこともあってか、追記という形でお茶を濁そうとしたわけですね。それに対して審議委員会が二度目の答申を出して、そういう部分的な開示は統一性を欠いていて、改ざんのそしりを免れないとまで厳しく言ったわけです。ですから、それですぐ、もう当然ここまでいったら開示されるだろうと思ったけれども、全然開示されない。けっきょく我々が提訴を辞さないという話をしたら、NHK執行部も動き出し、監査委員会も動き出し、森下さんを説得して最終的には開示となったんですが、でも森下さんは最後にごねて、「開示はするけど公表はしない」ということを言いつのって。それで、やはり皆さん、我々OBもそうなんですけれども、非常にやはり危機感を持って、言うならば精神的な苦痛をものすごく受けつづけたわけですよね。当然すぐ開示される、答申が出たらすぐ開示されるというふうに思っていたのが、そうはならなかったということで、我々OBも非常に心を痛めたし、市民団体も市民の方々も非常に心を痛め、精神的な苦痛を受けたということだと思います。

残念なことに、NHKと森下氏の代理人は、私に対する反対尋問を行なわなかった。

画期的な判決

裁判の判決は、二〇二四年二月二〇日に東京地裁で言い渡された。

大竹敬人（たかひと）裁判長が「被告NHKは原告に対し、各議事内容を録音した電磁的記録の複製を交付せよ」と主文を読み上げた時、私は澤藤大河弁護士と顔を見合わせ、笑顔でうなずきあった。原告の訴えをほぼ全面的に認めた画期的な判決だった。

私たちは二〇一八年一〇月九日、一〇月二三日、一一月一三日の経営委員会議事録と、各議事内容を録音または録画した電磁的記録の開示を求めていた。判決では、放送法第四一条と経営委員会議事運営規則によって作成が義務づけられている議事録（非公表部分）が作成されていないとし、原告の開示請求を棄却したうえで、「本件各録音データは、現に存在し、被告NHKの役職員が保有している」とし、原告に音声データの「複製を交付せよ」と命じたのである。

被告の森下経営委員長は、録音データについて、「それぞれ次回の経営委員会で内容が確認され、署名がされた時点で削除されているから、存在しない」と主張していた。しかし、裁判所は以下のような理由で、「録音データは現存する」と結論づけた。

二〇一九年九月二六日に『毎日新聞』が、NHKの上田会長に対して経営委員会が厳重注意し、その議事録が公表されていないことを報道した。これを問題視した野党議員が開いた「野党ヒアリング」で森下氏は、「もともと議事録がない、こういった議事録は作っていない」と発言した。一〇月四日にはNHKの高橋監査委員も野党ヒアリングで、「経営委員会事務局に確認したところ議事録そのものを作っていない、そのときどきで誰が何を発言したのかというのは少なくとも何も残っていない」と発言している。

森下氏は一〇月九日の野党ヒアリングでも、「非公開案件の議事録は作っていない、公開しているものが議事録の全てである」と発言している。ところが、一〇月一一日に衆議院予算委員会で高市早苗総務大臣が、「経営委員会の議事録は放送法四一条にもとづいて経営委員会の定めることにより作成、公表を行なうということになっており、経営委員会においては適切にこれを説明し、対応していただきたいと思っている」と答弁すると、NHKは一〇月一五日にウェブサイトに「厳重注意に関する議事経過の要旨」を公表した。そして一〇月一六日の野党ヒアリングで森下氏は、「非公表にするものについては、公表しないという前提で整理、精査していない議事録に相当する記録は残してある」と発言を修正したのである。

そうした事実を踏まえて、判決は、「各野党ヒアリングの時点において、議事経過を逐語的に記録した文書はまだ作成されておらず、その後、まだ削除されていなかった本件各録音データに基づいて、本件粗起こしが作成された可能性」があり、さらに「本件各録音データは、議事録の正確性を担保するために必要な資料であること（被告らもそのことは争っていない）」「過去のある時点において被告NHKの役職員が本件録音データを保有していた事実（本件各録音データの存在）がある場合には、その状態が継続していることが事実上推認され、本件各録音データがいずれかの時点で削除されたことが立証されない限り、被告NHKの役職員が現時点においても本件各録音データを保有していると認められる」としたのである。

そして、「被告NHKは、原告らに対し、本件各録音データを開示する義務」を負っており、「遅くとも原告らが本件訴訟を提起した時までには本件各録音データを開示すべきであったところ、まだ開示されていないから、この時点について、被告NHKには債務不履行があるといえる」と結論づけたのである。

また、森下氏は二〇一九年一〇月一八日の野党ヒアリングで、「議事録に相当する記録が残してある」と発言していることから、「遅くとも同日頃までには、経営委員会事務局の職員から告げられるなどして、本件各録音データの存在を認識していたものと認められる。そうすると、被告森下は、同日頃以降、現在に至るまで、本件各録音データの存在を認識しながら、これを開示するための措置を講じることなく、原告らの被告NHKに対する文書開示請求権を侵害していたというべきものであり、以上の被告森下の行為は、不法行為に該当するものといえる」とした。

そして、「本件録音データを開示しないことは、被告NHKの債務不履行及び被告森下の不法行為を構成し、被告らは、これにより原告らに生じた損害を賠償する責任を負う。この責任は、不真正連帯責務となる」から、「被告らは、原告らに対し、各自、慰謝料と弁護士費用相当損害額を合わせた損害金各二万円」を支払うべきとする判決を下したのである。

司法記者クラブでの記者会見

判決言い渡しから一時間半後、私たち原告団と弁護団は司法記者クラブで記者会見を開いた。記者席は三〇人を超える人々で満席となり、資料として配布した判決文はすぐになくなり、記者クラブの事務局が何度も追加で印刷した。澤藤大河弁護士がまず、原告団・弁護団一同の「声明」を読み上げた。

本日の判決は、被告NHKに対して、当該録音データを抹消したとの被告主張を排して、その開示を命じたものである。また、被告森下に対しては、「議事録音データ」の存在を知りつつ、開示するための措置を講ずることのなかったことを違法とし、不法行為損害賠償責任を認めた。いずれも私たちの主張を認めた素晴らしい判決である。被告森下の「議事録隠し」の動機は、自らが行なった放送法第三二条が禁じる「個別の放送番組の編集」への違法な介入を隠蔽することにあったのは明らかであって、反省と陳謝の意を表明し、直ちに経営委員長を辞任すべきである。私たちは、今後とも放送法の精神に基づき、NHK及び経営委員会が「放送の不偏不党、真実及び自律を保障することによって」「放送が健全な民主主義の発展に資するよう」努力するとともに、そのための一層の監視・激励を行なっていくことを表明するものである。

記者会見で私は、「外部の圧力からの防波堤となるべき経営委員会が、外部と一緒になって執行部に圧力をかけ、NHKの自主自律、番組編集の自由が損なわれた痛恨の出来事。二度とこういうことが起こってはいけない。この判決が公共放送の自主自律を担保することにつながってほしい」と述べた。

第10章——新体制下でも続発する不祥事

職員に向けた稲葉会長のメッセージ

就任から一カ月が経った二〇二三年三月一日、稲葉延雄会長は、職員に向けて「改革の検証と発展へ　専門家集団として未来を切りひらく」というメッセージを発した。

会長の稲葉です。就任より一カ月が経ちました。（中略）

日頃しっかり汗をかいて、プライドを持って業務に取り組んでくださっている現場のみなさんの声を聞くにつれ、課題が見えてきました。本来、NHKの様な多くの専門家集団からなる組織は、それぞれの考えをぶつけ合う真摯な議論を行い、より良い結果を導く「神経系統」がしっかりしているものですが、そこが〝目詰まり〟を起こしていると感じました。専門家集団としてのみなさんの議論の集約が、経営・改革に反映されていないのです。これは大きな問題です。（中略）各段階での突っ込んだ議論・理解が足りず、結果として議論の評価軸や評価尺度がおかしくなっているということだと思います。

「強すぎる縦割りの弊害を打破する」ことを目指した人事制度改革については、「専門家集団の仕事が尊敬されるべき」というNHKが本来大事にしたい理念とは異なるものとなっています。（中略）改善の方向は明らかなのですから、当面の人事評価・考課、異動、昇進のプロセスでも、昨年までのやり方を手直しして、人事制度が変わりつつあることをみなさんに実感してもらおうと思っています。

メッセージの最後はこう締めくくられていた。

大切にしてきた矜持を常に見つめ直し、独りよがりにならずに努力を続けることで、視聴者・国民のみなさんにNHKの価値を感じていただく。自律した判断の積み重ねの上に、今があります。今後もそうであることでしょう。志高く働く、専門家集団としてのみなさんを信頼しています。一緒にNHKと視聴者・国民のみなさんの未来を切りひらいていきましょう。

このメッセージを読んだ時、あるNHK職員は「ヘナヘナと座り込むような感覚に襲われた」という。稲葉会長がどのような人物かはまだわからず、メッセージを信じていいとの確信は持てなかったが、少なくとも閉塞感に覆われた前田前会長の時代が本当に終わったということを実感したからであった。前田会長時代には「現場の職員の議論を尊重する」などといったメッセージは、一度たりとも発せられたことはなかった。

稲葉会長は二〇二三年四月二五日にも「二〇二三年度　新体制発足に向けて」というメッセージを職員に発し、前田前会長が進め、職員から大顰蹙をかっていた人事制度改革を大幅に見直す方針を示した。

人事制度改革で生じた課題については、硬直的に制度を適用せず、適材適所を優先できる異動にすべきこと、シニア人材により敬意を払った再雇用スキームにすべきこと等、短期的に迅速に対処すべきものに一定の方向性を出しました。（中略）これらの判断は、現場から集まってもらったコアチームの声に基づくものです。（中略）

コアチーム経由である必要などありません。皆さんの日々の業務から、きちんと議論を積み重ねて、上げて来てください。私も、役員間の議論を活性化させ、部局長とのコミュニケーションを深くし、組織全体の力が引き出せるようにしていきます。それを遮る者がいたら、伝えてください。私が責任をもって排除します。

こうしたメッセージを読む限り、就任当初の稲葉会長は理想に燃え、本気でＮＨＫを良くしたいと考えていたことがわかる。だが、その理想は、その後に次々と発覚する不祥事と、それへの現実的な危機管理対応の中で、試練に直面し、色あせていくことになる。

次々と発覚する不祥事

稲葉会長の就任一年目もまたＮＨＫでは不祥事が連続し、負の連鎖はとどまるところを知らなかった。

二〇二三年五月には、本書で後述する「ニュースウオッチ9捏造報道問題」、「ＢＳ番組ネット配信予算計上問題」、六月には「放送文化研究所での世論調査資料の紛失問題」などが次々に発覚した。

稲葉会長も耐えかねたのか、七月三日の職員向けメッセージの中で、次のように述べた。

昨今、NHKで生じている事象を見ると、リスクへの意識が脆弱であると言わざるを得ません。実際、「NHKプラスにおける衛星放送番組の配信対応整備」やニュースウオッチ9における新型コロナ関連の不適切な伝え方、文研における個人情報の紛失などと続きました。特に衛星放送の配信対応設備の件は、事前に適切に対処でき、法違反のような状態になりませんでしたが、予算との関係が明確でない支出が実行されそうになったわけで、意思決定・ガバナンス上、極めて由々しき問題です。（中略）現場のマネジメント層においても、直面する各種のリスクをしっかり認識し、回避すべきリスクと、リスクテイクすべきものを峻別する真のプロフェッショナルになってほしいと願っています。

しかしその後も、一〇月には「NHK施設内でのジャニー喜多川氏による性加害」、「不正経費請求による記者の懲戒免職」、一二月には「取材メモの流出問題」、「内部監査資料の持ち出しで職員が懲戒処分」などの問題が立て続けに起こり、稲葉執行部は対応に追われた。NHKニュース7やニュースウオッチ9で自局の不祥事を伝える報道が続き、そこでは放送センター西館の外壁を撮影した映像（NHK内部では西館外景の映像は「不祥事カット」と呼ばれている）が繰り返し流されることとなった。

これらの不祥事の詳細を追ってみると、問題の発生を回避できなかったこともさることながら、問題発覚後のＮＨＫの危機管理対応のお粗末さも、事態を深刻にしている一因であるように思われる。常に対応が遅く、公表される内部調査の結果にも隠しごとが多すぎる。公共放送に求められる迅速な対応と透明性の確保がまったく実現できていないのである。そのために問題をこじらせ、問題を雪だるま式に大きくしてしまっている。

ＮＨＫとジャニーズの問題は次の第一一章で、「ＢＳ番組ネット配信予算計上問題」と「記者の不正経費請求問題」については第一二章で取り上げるので、ここでは「ニュースウオッチ９捏造報道問題」について取り上げたい。

ニュースウオッチ９捏造報道問題

二〇二三年五月一五日のニュースウオッチ９のエンディングに、「新型コロナ五類移行から一週間・戻りつつある日常」という一分五秒のＶＴＲが放送され、新型コロナで家族を亡くしたと思われる三人の方のインタビューが紹介された。

ところが翌日、五月一六日になると、ＮＨＫプラスからこの最後の一分間の映像は削除され、「この映像・音声は配信しておりません」とのテロップが表示された。ＮＨＫの関係者によると、取材に協力したＮＰＯ法人から抗議を受け、動画の配信を中止したとのことだった。

そして、この日放送されたＮＨＫニュースウオッチ９の最後で田中正良キャスターが、「昨夜の放送で、『新型コロナ五類移行から一週間・戻りつつある日常』と題して、およそ一分間の

VTRを放送し、ツイッターなどでも配信しました。この中でご遺族として三人のインタビューをお伝えしましたが、この方たちはワクチンを接種後に亡くなった方のご遺族でした。このことを正確に伝えず、新型コロナに感染して亡くなったと受け取られるように伝えてしまいました。取材ではワクチン接種後に亡くなったご遺族だと認識していました。番組はコロナ禍を振り返り、ご遺族の思いを伝えるという考えで放送しましたが、適切ではありませんでした。取材に応じて下さった方や、視聴者の皆さまに深くお詫び申し上げます」と述べ、深々と頭を下げた。

まもなく、取材に協力したNPO法人「駆け込み寺2020」が、NHKの取材を受けた時の様子を撮影した動画をYouTubeで公開した。NHKのディレクターとされる人物が三人のご遺族にインタビューを行ない、NHKのカメラマンとおぼしき人物がその模様を撮影している。動画でのやり取りを見ると、このディレクターとされる人物が、取材やインタビューの訓練をまったく受けていないことがよくわかる。取材を受けた三人のご遺族は、ワクチン接種後にご家族が亡くなられたときの経緯と、大切な家族を亡くした無念の思いを口々に語っていた。このような取材で撮影された映像を使って、あたかも新型コロナに感染して亡くなった人の遺族の証言であるかのようにVTRが編集されたのである。

NHK関係者によると、この一分間のVTRの制作を担当したのは、報道局映像センターに所属する映像編集を担当する職員のA氏とのことだった。前田前会長の改革により、職種を越えてさまざまな業務を担当すること（マルチスキル化・ゼネラリスト化）が推奨されていたこともあり、編集担当職員のA氏の「新型コロナ五類移行から一週間」というエンドVTRの提案が採用されたという。

しかし、職員A氏は遺族を知らなかったし、紹介してくれる記者はいなかった。そこで職員A氏はインターネットで検索して、NPO法人「駆け込み寺2020」のウェブサイトで「ワクチン被害者遺族の会」という表示を見つけ、ウェブサイトから取材の申し込みを行なった。そして、五月一三日に神戸で「ダイアモンド・プリンセス」の出港風景を撮影した後に、京都のNPO法人事務所で三人の遺族へのインタビュー取材・撮影を行なった。

A氏は放送当日の五月一五日昼に、報道情報端末に「コロナ禍で家族亡くした遺族三名。副反応でなくしたと訴えるが表現は慎重に。五類になっても忘れてほしくない、という方向で」と登録した。午後に二人の編集責任者（一人はこの週担当の編責、一人は別の週担当の編責）などが参加してVTR試写が行なわれ、担当職員は「この人たちはワクチンによる副反応で家族を亡くした遺族です」と説明したが、「広い意味ではコロナ禍での死者と言っても間違いではないのではないか」ということになり、編集責任者からいくつかの修正の指示は出されたが、基本的にOKが出た。修正後に二度目の試写が行なわれ、編責などからは追加の修正指示はなく、そのまま放送されたということだった。

これが事実だとすると、BPO（放送倫理・番組向上機構）の審議対象となったBS1スペシャル「河瀨直美が見つめた東京五輪」と類似した事案といえる。BPOの意見書が出てNHKはさまざまな再発防止策を実施したと発表したが、効果はなく、再びこのような事件が起こってしまったことになる。

メディアの取材にまともに答えないＮＨＫ

五月一六日以降、この問題に関するメディアの問い合わせがＮＨＫに多く寄せられたが、ＮＨＫ広報は、「放送までの経緯などについては現在、詳細を調査中ですが、担当者は、ＮＰＯ法人を通じてご遺族を紹介してもらい、取材の過程で、ワクチン接種後に亡くなった方のご遺族だと認識しました。番組は、コロナ禍で亡くなった方のご遺族の思いを伝えるという考えで放送しましたが、適切ではありませんでした。ご遺族に対してはＮＰＯ法人を通じて謝罪しました」などと答えるだけだった。

こうした問題が起こった場合の危機管理の基本は、ただちに内部調査を行ない、その結果を公表するとともに、訂正放送を行なうことである。しかし、ニュースウオッチ9は翌日に謝罪して以降は沈黙した。

五月二四日の定例記者会見で、稲葉会長は記者の質問に、「この放送で、ワクチンを接種後に亡くなった方のご遺族だということを正確に伝えず、新型コロナに感染して亡くなったと受け取られるような伝え方をしてしまったことは、まったく適切ではなかったと考えています。取材に応じてくださった方や視聴者の皆さまに深くお詫び申し上げたいと思います。取材・制作の詳しい過程をさらに確認し、問題点を洗い出した上で、このような事態を引き起こさないために組織的にどう対応していくかを考え、対策を講じたいと思っています」と答えた。

また、山名啓雄（やまなひろお）メディア総局長は記者からの「放送前の試写でどのようなチェックを行なったのか」との質問に、「確認中」と答え、報道統括の中嶋太一理事は、「取材段階から放送されるまでの間にどのようなチェックが行なわれたかをまさに調べており、今の段階では確定的な形では言えない」と答えるだけだった。関係者へのヒアリングは二〜三日あればできるはずだ。いつまで経っても事実関係を説明しようとしないNHKの姿勢は不誠実なものであり、こうした後ろ向きの対応により、事態はますます深刻化していった。

BPOが審議入りを決定

NHKが事実関係を明らかにしないまま時が経過していた六月九日、BPOの放送倫理検証委員会が、「倫理違反の疑いがある」として、審議入りすることを決定した。

記者会見したBPOの委員は、「NHKから提出された報告書（六月六日付）と番組DVDを踏まえて協議を行なった結果、企画・取材・編集の各段階で不明な点が多く、報告書は納得できる内容ではなかった」と述べた。この日の夜、ニュースウオッチ9は「BPO審議入り」のニュースを詳しく伝えた。

六月一三日に開催されたNHK経営委員会では、中嶋太一理事がBPOの審議入りを報告したうえで、「現在、取材から制作に至るプロセス、経緯について、関係者一人ひとりから聞き取りを進めています。調査がまとまった段階で経営委員の皆さまに、改めてきちんと報告をさせていただきたいと思います」と述べた。すると榊原一夫委員が、「口頭だけの説明では正確に把握できないところがあることから、ペーパーを用意していただき、見て、それから聞いて、事実を正確に把握することが必要だと思います」と指摘した。中嶋理事は、「次回ご説明するときには、詳しい内容をご説明することになると思いますので、そのときは、ご指摘いただいたことについて、きちんと対応していきたいと思います」と述べた。しかし、六月二七日に開催された経営委員会では、何の報告もなされなかった。NHKの担当者への聞き取りと、制作過程の検証の公表は、遅れに遅れた。

業を煮やした遺族たちは、七月五日、「心情を踏みにじられた」などとして、BPOの放送人権委員会に申し立てたことを、記者会見をして明らかにした。この日、ニュースウオッチ9は取材を受けた遺族などがBPOの放送人権委員会に申し立てたニュースを、記者会見の映像を交えて伝えた。

ようやく調査結果と関係者の処分を公表

問題の放送から二カ月以上が経った七月二一日、NHKはようやく調査結果を公表し、関係者の処分を発表した。

公表された「『ニュースウオッチ9』報道について（新型コロナ関連動画）」という文書は、「担当役員の指示のもと、メディア総局メディア戦略本部と報道局管理部門にリスクマネジメント室のメンバーが加わり、放送内容のリスク管理などを委託している弁護士のアドバイスを受けながら調査した」ものだという。しかし、その内容には多くの疑問点が存在する。

NHKニュースはそれまで、ワクチン接種を推進する政府の方針に追従するように、「ワクチン副反応」に関する報道を徹底的に避けてきた。ニュースの担当者の間に「ワクチンの副反応の取り扱いは慎重にする」というコンセンサスが存在していたのだろう。しかし報告書には、「提案票には、構成要素（映像項目）の一つとして、『コロナワクチンで夫を亡くした遺族インタ／ワクチン被害者の会』と記載されていた」が、「上司のCL（チーフ・リード）は目を通したものの、『ワクチン』という記載に気を留めなかったと話しています。その理由について、『当時はワクチンをめぐる議論について深い認識がなく、注意が向かなかった』と話しています」とある。さらに「編責は、『提案票には目を通したが、内容の検討が不十分だという印象を持ったため、直接、上司のCLから話を聞いた方がいいと考え、精読はしていなかった。上司のCLと提案について話し合った場では、絵コンテしか示されず、特段、ワクチンに関する言及はなく、自分も気にならなかった』と説明しています」とある。

とても信じられない内容である。当時のNHKの報道担当者にとって敏感にならざるを得ない話題であるはずの「ワクチン副反応」の取り扱いについて、「注意が向かなかった」「気にならなかった」などということがあり得るだろうか。

また、「五月一五日の放送当日の一二時過ぎ、担当職員は、局内のシステムに、『コロナ禍で家族亡くした遺族三名。副反応でなくしたと訴えるが表現は慎重に。五類になっても忘れて欲しくない、という方向で』と記載したうえで、今回の動画の構成要素（映像項目）などを登録しました。この内容を登録した理由について、担当職員は、『自分用の備忘録などの目的で書いた』と話しています」とある。この証言はまったく信用できない。「自分用の備忘録の目的で」このような内容を報道情報端末に登録することはあり得ない。おそらく編責などの幹部から指示された言葉を登録したのだろう。NHKの関係者によれば、担当職員が報道情報端末に「副反応でなくしたと訴えるが表現は慎重に」と登録したという情報が外部に流出したことが問題視され、犯人探しが進められていたという。

また報告書には、五月一五日の一八時頃から二人の編責ほかが参加して行なわれた一回目の試写について、「試写のなかで、担当職員は、インタビューをした遺族三人について、『この方たちはワクチンによる副反応で家族を亡くしたと訴えている遺族ですと伝えた』と話しています。しかし、この発言を聞いたかどうかについては、参加者の記憶に食い違いがある」と記されている。これは、試写参加者の中に、自らの保身や責任逃れのために、ヒアリングに事実を述べていない者がいることを示している。報告書は「問題の原因」の説明で、「試写で、『ワクチン接種後に亡くなった方の遺族』という情報が共有されたかどうか、参加者の間で当時の記憶に食い違いが見られました。この点について、担当職員は、放送後に問題が明らかになったときに、編責らが『ワクチンについては聞いていなかった』と話したことから、自分の発言が参加者に認識されていなかったのだと感じた、とヒアリングに対して答えています」と記している。担当職員がもし試写において「ワクチン接種後に亡くなった方の遺族」と口にしていたのならば、編責らが「ワクチンについては聞いていなかった」などということはあり得ない。問題発覚後、自らの責任を回避するために、編責はこのように話したと理解すべきだろう。

報告書の公表とともに、NHKは関係者の懲戒処分を発表した。予想した通り、担当した映像センターの職員A氏とその上司に厳しい処分（出勤停止一四日）が下され、もっとも責任が重い編責（編集責任者）は減給処分となった。編責は譴責で済まされるだろうと噂されていたので、それよりは重い処分となった。編集長は譴責処分となったが、いつものように報道局長や報道統括の理事の責任は不問に付された。

ワクチン接種後に家族を亡くした遺族を、新型コロナに感染して亡くなった方の遺族のように伝えることの問題性、それが放送された時にどのような問題を引き起こすか想像できなかったことが、最大の問題である。その意味で編責の責任は極めて重い。

さらに今回の発表には、普段は編集を担当している職員がディレクターを担当することになった経緯について詳しい言及がない。放送現場のことがまったくわからない前田前会長の進めた「改革」では、職員が職種を越えてさまざまな業務を担当することが推奨されていた。編集担当の職員が記者やディレクターを担当することを否定はしないが、その場合は十分な研修を受け、周りの記者やディレクターが十分にサポートすることは必要不可欠である。その意味では、前田前会長の改革の歪みが生み出した問題という側面もあった。

ニュースウオッチ9による事実上の訂正放送

調査報告と処分が公表された七月二一日、ニュースウオッチ9は、「ウオッチ9新型コロナ関連動画　視聴者誤認させ不適切　四人を懲戒処分」というニュースを三二分一五秒から三分五〇秒にわたって放送した。

その内容は、ニュース7のニュース原稿と異なる部分がある。一つはインタビューに応じた三人の方々を紹介し、家族の亡くなった経緯を遺族が説明したことである。これは「訂正放送」と言える内容と見てよいだろう。もう一つは、編集責任者の責任に関わる部分である。一九時台のニュース原稿では「番組の編集責任者も提案票にワクチンに関する記載があったにもかかわらず、提案段階で、それ以上確認せず見過ごしていました」だったが、ニュースウオッチ9では、「番組の編集責任者は提案の説明は、コロナウイルスで家族を亡くした遺族と書かれた絵コンテで受けていた一方、ワクチンで家族を亡くしたと書かれた提案票は精読せず、提案段階ではそれ以上確認せずに見過ごしていました」となっていた。ニュースウオッチ9の原稿のほうが言い訳がましく、編集責任者をかばうような内容になっている。

このあたりにNHKが調査した経緯を公表するまでに二カ月以上もかかった原因が潜んでいるように思われる。いずれにしても、NHKは組織防衛を優先して不都合な事実は隠したりねじ曲げたりするのが常であるから、発表された内容をそのまま信用することはできない。

問題の放送の翌日、ニュースウオッチ9の最後で田中キャスターが謝罪したが、その後、NHKは訂正放送を行なってこなかった。取材を受けた方々はワクチンの副反応で家族を亡くした無念を伝えてほしいと願っていたのだから、ただちにその思いを伝える「訂正放送」を行なっていれば、これほど問題が大きくなることもなかっただろう。問題発覚後のNHKの対応のまずさが、問題をより深刻にしたと言えるだろう。

BPOが意見書を公表

二〇二三年一二月五日、BPOの放送倫理検証委員会は、「NHK『ニュースウオッチ9』新型コロナワクチン接種後に亡くなった人の遺族を巡る放送についての意見」(以下、「意見書」)を公表し、本件放送には放送倫理違反があったと判断した。

この意見書を作成するために同委員会は、この放送や放送後の対応に関わったNHK関係者および取材相手の遺族三人の計一四人から合計約二〇時間一五分のヒアリングを行なうなど、制作経緯や放送後の対応等を詳細に検証したという。

「意見書」では、五月九日に作成された番組提案票には企画趣旨として「五類への移行がもたらした人々の喜びとこれまでの嘆きが交じり合う現在をスケッチ」とされ、映像構成要素には、「コロナワクチンで夫を亡くした遺族インタビュー」とあり、NPO法人が運営する会の名称も、「ワクチン被害者の会『繋ぐ会』」と記載されていた。また絵コンテにはインタビュー対象者に「コロナウイルスで夫を亡くした女性」と記載されていた。

提案票と絵コンテを受け取った担当デスクは、「この企画が遺族を取り上げる内容であること自体は認識していたものの、提案票の『ワクチン』で家族を亡くした遺族、あるいは『ワクチン被害者の会』という記載には気を留めなかった」と語ったという。提案票は担当デスクから調整デスク、編集責任者に送られ、一〇日に編集責任者と調整デスクが協議し、「戻りつつある日常」というテーマで取材を進めることを認め、一分の放送枠が与えられることになった。

担当者が九日に取材を申し込んだNPO法人の理事長から、一〇日に取材を受けると連絡があった。同日、担当者が理事長にメールで送付した「取材要項」には、「五類移行がもたらした人々の喜びの裏にある『嘆きの証言』をスケッチし、『決して忘れてはいけない』、『フタをされてしまうことを断じて看過してはならない』ものとして発信する」という狙いが記されていた。

翌一一日に理事長から遺族三人を紹介できる旨のメール連絡を受けた担当者は、お礼を述べるメールの中で、「放送尺が『ニュースウオッチ9』では一分程度と極めて短くなってしまった、本当に申し訳ありません」と伝えている。ただし担当者は、より長い尺での放送枠を調整していることや、継続的に取材し、他の放送方法も模索していること、さらに公式ツイッターでの発信を予定していることなどを伝えたという。

遺族への取材の調整が進む中、担当者は、「遺族らのインタビューの一三日までに、ワクチンの問題については取り上げないと決めていた」という。その背景には担当者がコロナ関連の取材経験が豊富な記者に助言を求めた事実があったという。記者は、「ワクチンの副反応の問題を扱う場合には慎重になったほうがいい、ワクチンの問題を訴える遺族の声は大事だと思うから上司とよく相談しながら進めるべき」といった趣旨の助言をしたという。

BPOが四点にわたって問題を指摘

インタビュー当日、担当者はNPO法人の理事長と三人の遺族に対して、「五類移行後もコロナ禍を忘れないようにという企画意図、ワクチンの問題は扱わないこと、一分のエンドVであることについて、インタビューの前後二度にわたって説明した」「『今回はワクチンの是非や咎を問うということではなく』という言葉を使ってワクチンのことには触れないと説明した」と述べている。一方、三人の遺族は、そうした「説明を受けていない」「ワクチンの問題を扱わないと聞いていれば、取材に応じた趣旨と全く異なるため、その場でインタビューを継続するはずがない」と明言しているという。

この放送の試写は、編集責任者以下、総勢九人のスタッフが参加して、放送当日に二回行なわれた。担当者は、「編集試写の場において、インタビューで登場する三人が、ワクチン接種後に亡くなった人の遺族であることを説明した」と述べているという。この点について「意見書」には、「実際、編責試写でのやりとりから、取材相手がワクチン接種後に亡くなった人の遺族らであると気付いて驚いたスタッフもいた。しかし、編責試写に立ち会った者の大半が、遺族らがワクチン接種後に亡くなった人の遺族であるとの説明を聞いたことを否定している」との記述がある。ワクチン接種後に亡くなった人の遺族と気づいて驚いたスタッフがいたということは、担当者が試写の場で、インタビューの三人が「ワクチン接種後に亡くなった人の遺族であることを説明した」という点は事実だろう。しかし、編集責任者ほかの幹部らが、それを知っていてあのような放送を出したとすれば、大きな責任を負わされることになるので、何としても否定したい事実である。「編責試写に立ち会った者の大半が……否定している」という事実からは、BPOのヒアリング前に関係者が口裏合わせを行なった可能性すらうかがわせる。

「意見書」には、「委員会のヒアリングでは、1回目の試写時に、ツイッター編責〔別の週の編集責任者）が文字起こしに事前に目を通していたと発言したのを聞いたと述べたスタッフが複数いた」という記述がある。「複数いた」ことからも、この発言があったことは事実だろう。しかし、ツイッター編責は「この局内システムに試写前にアクセスしたものの、『前説』箇所を読んでコロナ禍がテーマであることを把握しただけであると説明し、文字起こしや担当者のメモを読んだことを否定」し、責任を回避しようとしている。この編集責任者は数々の優れたNHKスペシャルを担当し、将来の社会部長と目されている人物で、この問題から逃れるように大阪放送局（報道統括）に異動した。BPOの審議を妨害するような人事異動である。

「意見書」は「本件放送の問題点」を四つの点で指摘している。

①おろそかにされた取材の基本

「コロナウイルスに感染して亡くなった人とワクチン接種後に亡くなった人との違いはわかっていたものの、広い意味でコロナ禍で亡くなった人に変わりはないだろうと考えた」と担当者が説明していることについて「意見書」は、「にわかに信じがたい説明だが、仮にそう考えていたのであるならば、こうした認識は、ニュース報道の現場を担う者としてあり得ない、不適切なものであったと言わざるを得ない」と指摘している。また、取材相手への説明も極めて不十分であり、上司とのコミュニケーションも極めて不十分であった、と指摘している。

②不十分だった取材サポート

担当者は記者やディレクターではなく、日頃、映像編集を主な業務とする職員だった。担当者が、「自ら『現場』に出て取材・制作を行なったのは今回が初めてで、コロナ関連の遺族への取材も初めてであったにもかかわらず、担当者は、今回の取材・制作を進めるにあたって、職場内では特に助言やサポート」を受けられず、「取材相手を探すという取材の出発点からつまずき、結果的に当初の意図とは異なる取材相手にインタビューをするに至っている。（中略）取材経験やノウハウが十分でない担当者が不安を抱きながらも、組織内から十分なサポートやバックアップを受けられず、孤独に取材を進めていた姿が浮かび上がる」とＢＰＯは指摘している。

③働かなかったチェック機能

ワクチン接種後に亡くなった人の遺族であるとは知らなかったと主張している編集責任者らは、委員会のヒアリングに「三人がワクチン接種後に亡くなった人の遺族であることがわかったならば、その旨の明示がない本件放送を直ちに中止していただろう」と語っているという。「意見書」は、「提案採択、試写、編集の各プロセスにおいて働くべきチェック機能がうまく働かなかった。そしてインタビューが『ワクチン接種後に亡くなった人の遺族』のものであるという事実が見過ごされ、本件放送はオンエアに至った」とし、「内容の品質やリスクの管理に責任を持つ立場にある担当デスクや編集責任者を含めた組織体制の在り方が厳しく問われなければならないのは当然のことである」と指摘している。

「人の死」を軽く扱ったのではないか

「意見書」は特に、「『人の死』を巡る情報を扱う判断の軽さ」という章を設けて、厳しく批判している。「短いエンドＶの中で、大切な家族を亡くした三人の遺族の声を一言ずつ切り取って、合計わずか二四秒で伝えるという編集の仕方それ自体に問題があったことに気が付く。どのような経緯で亡くなった人の遺族であれ、ニュース番組における『人の死』の伝え方として、それはあまりにも『軽かった』のではないか」、「遺族の声を伝える以上、もっと長い時間をかける、あるいはエンドVではなく特集など別の企画として放送するといった編集方針の変更もあり得たのではないだろうか」と指摘する。

そして、「委員会の判断」として、「ワクチン接種後に亡くなることと、コロナウイルスに感染して亡くなることとは全く別の事柄である。『人の死』という人間の尊厳に関わる情報を扱う放送であるにもかかわらず、取材・制作に関わった者たちの取材の基本をおろそかにした行為や取材サポート、チェック機能の不備が重なったことによって、視聴者の信頼を裏切り、遺族の心情を大きく傷つけるという結果を招いてしまった」と厳しく指摘し、NHKの「放送ガイドライン」の「正確」「企画・制作」「取材先との関係」の各項目を記した上で、「これまでの検証で明らかになったように、本件放送は上記のいずれの項目にも反している。以上から、委員会は、本件放送には放送倫理違反があったと判断する」と記している。

「意見書」は最後の「おわりに」で、NHKとNHKで働く人々に次のように呼びかけている。

「再発防止に向けて必要なことは何だろうか。『匿名チェックシート』や『複眼的試写』のようなチェックや管理のさらなる強化だろうか。適切なチェックや管理の必要性はもとより否定するものではない。しかし、それよりも委員会が指摘したいのは、本件放送の問題の出発点に、コロナワクチン接種後に死亡した人の遺族の思いに接した制作スタッフの認識に問題があったことだ。

ジャーナリズムを担う者として当然備えているべき現実社会についての知識や関心、問題意識の低下という事態が進行しているのではないかという危惧を抱かざるを得ない。チェックや管理の強化以前の問題として、現場の業務を担う人たちのニュースに対する感覚、ジャーナリズムに関わる感度の底上げが焦眉の課題となっているように思われる」

「他方で強調したいのは、本件によって制作現場に萎縮効果をもたらすことがあってはならないということだ。前述のとおり、本件放送は、普段から現場で取材活動を行なっている記者やディレクターではなく、映像編集を主業務とする担当者による企画であった。提案権が様々な部署や職種に開かれていることは基本的には良いことであろう。物事を多様な視点やアプローチによって伝えることはジャーナリズムにとって死活的に重要であり、多様な作り手の存在はそれを担保するからである。今回の問題を受けて、挑戦的で意欲的な提案が出にくくなるような雰囲気が職場内に生まれるようなことがないようにして欲しい。そして、経験の少ない人や若手であっても、自分が取り組みたいテーマに積極的に挑戦し、持てる力を存分に発揮できるように、彼らの取材・制作をサポートする体制の拡充に力が注がれることを望みたい」

BPO「意見書」を蔑ろにするニュースウオッチ9

BPO「意見書」の公表を伝えるNHKニュースウオッチ9の報道は、信じられないものだった。その扱いのあまりのひどさに愕然とした。自らの番組の内容についてBPOから重大な指摘を受けたのだから、よほど大きなニュースがない限り、冒頭で取り上げるのが常識だろう。ところが、冒頭から大谷翔平選手の移籍が話題を集めるメジャーリーグの「ウインターミーティング」のニュースを延々と八分間も放送し、BPOの「意見書」について伝えたのは、番組後半の三九分から二分二〇秒間だけだった。その内容はニュース7が伝えたものとまったく同じ内容であった。「放送すればいいんだろ」という態度である。

自らの番組の放送内容について、BPOが多くの関係者にヒアリングを行ない、数カ月にわたって審議を重ね、詳細な「意見書」を作成して「放送倫理違反があった」としたのだ。「指摘を真摯に受け止めます」といって頭を下げればよいという問題ではない。問題の放送がどのような経緯で放送され、どこに問題があり、今後どのように再発を防止していくのか、番組として視聴者に伝える放送をすべきであっただろう。あまたあるニュースの一項目として、しかも番組の後半に、わずか二分ほど放送して済ますなど、言語道断である。

こうしたNHKの閉じた態度を見ていると、視聴者の信頼を回復していくことは絶望的に困難なように思えてくる。

第11章 「NHK・ジャニーズ問題」の深層

ジャニーズ『調査報告書』

二〇二三年八月二九日、ジャニーズ事務所が設置した外部専門家による再発防止と特別チームによる『調査報告書』が公表され、ジャニーズ事務所は、創業者の故・ジャニー喜多川によるジャニーズJr.（現在は「ジュニア」に改称）など少年たちへの性加害の事実を認め、謝罪した。

『調査報告書』には、多数の被害者からのヒアリングにもとづく性加害の実態が赤裸々に記されていた。また、性加害が長年にわたって繰り返された一因として、「ジャニーズ事務所のジャニーズJr.に対するずさんな管理体制」があったと指摘している。

ジャニーズ事務所は、もっぱらジャニー氏の判断に基づき、タレントになることを夢見て応募してくる少年たちをジャニーズJr.として採用し、レッスンを行なったり、公演やテレビ番組への登用を決めたりするなどしていたのであり、タレントになることを希望する少年たちは、ジャニー氏及びジャニーズ事務所に対して圧倒的に弱い立場にあった。

しかし、ジャニーズ事務所は、このように立場の弱い少年たちの人権を尊重しようという意識が希薄であり、ジャニーズJr.を採用する際に契約を締結することはなかった。また、そもそも誰がジャニーズJr.であるかすら把握できていなかった。

そのようなずさんな管理体制がジャニー氏の性加害の発生と継続を許す一因になった可能性

がある。

『調査報告書』は「ジャニーズJr.の管理体制」について、その「採用手続」「契約関係」「プロデュース」「管理」の順に次のように説明する。

「採用手続」については、「オーディションの実施方法は、選考対象者全員を一カ所に集めてダンスレッスンを行ない、振付師やジャニーズJr.が一度手本として選考対象者の前で踊り、その後、実際に真似をする形で踊らせて、表情、やる気などを見て、ジャニー氏本人が最終的に適性を判断するというものであった。明確な採用基準はなく、基本的にはオーディションの結果を選考対象者に告げることもなかったが、ジャニー氏と振付師がその場で見て判断し、その後に話し合って声を掛ける者を決めていた。（中略）ジャニー氏は、このような流れでジャニーズJr.を選考・採用していたが、一連の過程におけるいずれのタイミングでも選考対象者に合否という形で明示するということはしていなかった」という。

「契約関係」については、「ジャニー氏がジャニーズJr.の選考・採用を行なっていた当時は、ジャニーズJr.とジャニーズ事務所との間で所属関係について契約書を締結することはなかった」という。「プロデュース」については、「ジャニーズJr.のデビューやグループの所属などジャニーズJr.の誰をどのように売り出していくかについては、基本的にジャニー氏自らが決定していた」「（ジャニー氏は）ジャニーズJr.のプロデュースについてほぼ無制約の専権を有しており、ジャニーズJr.から見れば、自分がタレントとしてデビューして人気を博することができるかどうかを決める生殺与奪の権を握る絶対的な権限を有する立場であった」と指摘している。

ジュニアをめぐるこうしたずさんな管理体制が、長期にわたる少年たちへの性暴力を可能にしていたのである。

性犯罪に加担してしまったNHK

私はこの『調査報告書』を読み、大きな衝撃を受けた。とりわけ、そこで、次のように指摘されていたことに、危機感を抱いた。

このように、ジャニーズ事務所は、ジャニー氏の性加害についてマスメディアからの批判を受けることがないことから、当該性加害の実態を調査することをはじめとして自浄能力を発揮することもなく、その隠蔽体質を強化していったと断ぜざるを得ない。その結果、ジャニー氏による性加害も継続されることになり、その被害が拡大し、さらに多くの被害者を出すことになったと考えられる。

被害拡大の一因に、「マスメディアの沈黙」があったとの指摘である。

私はメディアの沈黙、とりわけＮＨＫの責任について調べなければならないと考え、二〇二三年九月に「音楽・芸能」（「ザ少年倶楽部」などを制作してきた番組部は「音楽・芸能」「音楽・伝統芸能」「エンターテイメント」などと名称を変えてきたが、以下はＮＨＫ内部で広く使われている「音楽・

芸能」という通称を使う）を含む、複数のNHK関係者に話を聞いた。その結果、NHKとジャニーズ事務所の驚くべき関係について知ることとなった。それは、番組制作にかかわる問題だけではなく、職員が受けた接待、ファンクラブへの便宜供与、不動産の賃貸借契約の問題など、多岐にわたっていた。

NHKとジャニーズ事務所の関係が深まったのは、一九九三年に放送が始まった「アイドルオンステージ」（一九九三年一〇月〜九七年三月、BS2）からだという。BSのこの番組には、初めてジャニーズJr.が定期的にメイン出演するようになった。この番組には女性タレントも出演しており、ジャニーズ事務所のタレントしか出演できないわけではなかった。それが、一九九七年には「ミュージックジャンプ」（一九九七年四月〜二〇〇〇年三月、BS2）となり、前半三〇分「ボーイズサイド」と後半三〇分「ガールズサイド」に分けられ、「ボーイズサイド」の司会をジャニーズ事務所所属のタレント（V6→滝沢秀明）が務めるようになった。そして、二〇〇〇年にはそれが「ザ少年倶楽部」（二〇〇〇年四月〜二三年一〇月、BS2→BSプレミアム）へと変わり、ほぼジャニーズ事務所所属のタレントだけが出演する番組となった。最後に司会を務めたのはA.B.C-Zの河合郁人だった。この過程で、NHKとジャニーズ事務所との関係は抜き差しならないものになっていってしまったという。

NHKは島桂次会長の時代から商業化に大きく舵を切った。受信料の値上げが難しい状況の中で考え出されたのが衛星放送（BS）であり、一九八九年には地上契約と衛星契約の二階建ての受信料制度がスタートした。局内では衛星契約の拡大と、若者の接触率の向上が至上命題となった。

私がＮＨＫに在籍した当時も、上層部から何度も「若者に見てもらえる番組を開発せよ」との大号令が放送現場にかけられた。その結果、ＮＨＫの現場には「若者の接触率を高め、衛星契約を拡大できるのであれば、どんな番組を制作してもよい」という空気が蔓延していった。

そうした雰囲気の中で徐々に形づくられてしまったのが、ＮＨＫとジャニーズ事務所との歪な関係であった。ジャニーズJr.を定期的に出演させた一九九三年からの「アイドルオンステージ」、一九九七年からの「ミュージックジャンプ」、そして二〇〇〇年からの「ザ少年倶楽部」は、若い女性層の強い支持を得て、衛星契約を拡大するためのキラーコンテンツとなっていった。その過程でＮＨＫはジャニーズ事務所にさまざまな便宜を供与するようになり、ついにはどんな理不尽な要求をされても受け入れざるを得なくなっていったと「音楽・芸能」出身のＮＨＫ関係者は指摘している。

私物化されたリハーサル室

便宜供与の最たるものが、ＮＨＫ放送センター西館の七階にあるリハーサル室（主にＣＬ７０６〜７０９）を高い頻度でジャニーズ側に優先的に割り振り、自由に使わせたことだ。そして、ジャニーズ事務所がリハーサル室を使用している時、ＮＨＫの職員や関連会社（ＮＨＫエンタープライズ）の社員がまったくいない時間帯が多くあったというのである。そして、一番広い七〇九リハーサル室ではジュニアのオーディションがしばしば行なわれていた。それは番組出演者を選ぶためのオーディションではなく、あくまでジュニアを採用するためのオーディションであり、NHK関係者は一切かかわっていなかった。

NHKのリハーサル室については、複数の元ジャニーズJr.が雑誌の取材に答えている。たとえば『FLASH』(二〇二三年一〇月一〇日号)には、「そもそも、私がジャニーズのオーディションを受けたのが、NHK西館七階リハ室でした。合格後は、週三回は通っていましたね。私のときは、七〇七号室か七〇九号室だったと思います。当時は、ジャニーズJr.が出演するテレビ東京の番組や、『ミュージックステーション』(テレビ朝日系)のリハーサル、そしてジャニーズ本体のコンサートの練習もこの部屋でした。NHKの中にあっても、ジャニーズ事務所の一部という認識でしたよ」という元ジャニーズJr.の証言が掲載されている。

この話には私にも思い当たる記憶がある。私は西館七階のリハーサル室を使うことはあまりなかったが、リハーサル室の並びに特殊撮影用のスタジオ(CN700)があり、ドキュメンタリー制作のために写真や文書資料をテレビカメラで撮影するために頻繁に使用していた。そのスタジオに土日に行くと、近くにあるロビーの長椅子や売店に子どもが溢れていることがよくあった。西館七階フロントの横にある掲示板を見ると、「ザ少年倶楽部」のマグネットが幾つも貼られ、「こんな使い方が許されるのか?」と疑問に思ったことがあった。私のデスク時代、編成局施設運用の担当者と掛け合ってリハーサル室(特にCL709)を長時間押さえることは至難の技だった。NHK上層部から編成局施設運用への特別な働きかけがなければ、このような特別なリハーサル室の割り振りは不可能である。

こうしたジャニーズ事務所のリハーサル室の私物化ともいえる状況について、二〇二三年九月二七日に記者から質問された山名啓雄メディア総局長（「音楽・芸能」出身）は、「ドラマや音楽番組、さまざまなリハーサルが必要。それはジャニーズ事務所とは関係ない。歌に踊りを付けたり、ステージングしたりとかになると、（本番では）NHKホールを使うことが多いが、そこだけでリハーサルはできない。定時で番組を持っていれば定時でリハーサル室を確保していただいて、リハーサルをしていただく。それは別に特殊なことではなく、必要に応じて、さまざまな番組で、リハーサル室を使っている」などと答えている。無責任な言い逃れである。

NHKでのオーディションが被害者を生み出していった

ジャニー喜多川氏による性暴力が明らかになった今、NHKのリハーサル室で行なわれていたオーディションが、新しい獲物を物色する「狩場」になっていたことは疑いの余地がない。

多くの少年たちが「ザ少年倶楽部」への出演を希望してNHKでのオーディションに参加し、その後、ジャニー喜多川氏からの性被害に遭った。親たちもNHKでのオーディションと聞かされれば、安心して子どもたちを送り出したことだろう。そして「ザ少年倶楽部」という番組に出演しつづけるために被害を我慢しつづけた少年もいた。ジャニー喜多川氏はNHKの「ザ少年倶楽部」への出演という「エサ」で子どもたちをおびき寄せ、NHKのリハーサル室で「狩り」をし、NHKから徒歩一五分ほどの原宿駅前にあった「合宿所」などで「捕食」していたと考えられる。

三〇回以上ジャニー喜多川氏からの性被害に遭ったという元ジュニアの田中斗希（たなかとしき）氏の証言をもとにした以下のような記事が、『週刊女性PRIME』（二〇二三年一〇月一六日）に掲載されている。

田中さんがジャニーズ事務所と初めてかかわりを持ったのは二〇〇六年五月、一二歳のとき、堂本剛主演のドラマを見て、自分もテレビに出たいと思ったことがきっかけとなり、ジャニーズ事務所のオーディションに応募。その後、連絡があってＮＨＫの「七〇九リハーサル室」に向かったという。

「会場に入ると番号付きの名札をもらって、ダンスを踊ることになりました。一〇〇人ぐらい、いたと思います」（中略）

田中は大人に助けを求めることができないまま、頻繁にジャニー氏の自宅に呼ばれ、性的に搾取されていく。その行為は三〇回以上にわたったという。これに伴い、変化が起こった。

「あるとき、ジャニーさんに呼ばれて、ほかのJr.と三人で並ばせられたんです。〝ユーたち同じぐらいの身長だね〟と言われ、そこから雑誌とかの取材を三人で受けるようになりました。出演していたＮＨＫの『ザ少年倶楽部』ではマイクを持たせてもらえて、歌えるようになった。そのときは、純粋にうれしかった」

オーディションでジャニー喜多川氏に気に入られた少年たちがジャニーズJr.のメンバーとなり、「合宿所」などで性被害に遭っていた。性被害に遭った少年たちは、それを我慢してデビューするか、拒絶してタレントの夢を諦めるかの二者択一を迫られていたのである。

第三者委員会での調査・検証を拒むＮＨＫ

ＮＨＫの「ザ少年倶楽部」という番組がジャニー喜多川氏の性暴力に場所と機会を提供してしまったという事実は、もはや疑いようがなかった。子どもへの性暴力に公共放送ＮＨＫが加担していた事実を知った私は愕然とし、その事実をすぐに公表する気持ちにはなれなかった。ＮＨＫ自らが自浄能力を発揮し、この問題の調査と検証をしなければ、ＮＨＫがもたないと考えたからである。ＮＨＫは公共のリソースである放送センターのリハーサル室を、なぜジャニーズ事務所に自由に使わせていたのか、リハーサル室の管理体制はどうなっていたのか、などについて明確に説明する責任があった。

私はＮＨＫがこの問題について第三者委員会を設置して調査・検証すべきであると考えた。実は多くのＮＨＫの現役職員たちも同じように考え、九月下旬に、第三者委員会による調査・検証を求める「提言と要望」を稲葉会長に提出している。

ところがその直後の記者会見（二〇二三年九月二七日）で記者に、「記者の不正経費請求は第三者委員会を設置したのに、なぜジャニーズ問題では設けないのか」と問われた稲葉会長は、「いろいろなやり方があって、私が不正支出の話では第三者委員会にお願いするという立場に立ってやってきました。しかしこの問題に関しては、ＮＨＫが番組の中で一つ一つ取り上げて国民の皆さんに対して説明する、弁明する、検証する、そういう作業をしていきたいと思っています。それは甘いんじゃないかと言われる可能性がありますが、自分ではそういうことをやってみたいと思っています」と答えた。

NHK内のトイレでも性暴力が

二〇二三年一〇月九日、NHK内のトイレでも性暴力が行なわれていたことが明らかになった。NHKニュース7が、NHK内のトイレでジャニー喜多川氏から性被害に遭ったという元ジャニーズJr.の証言を放送したのである。

NHKの取材に対し、ジャニー喜多川氏からの性被害を訴えているのは、現在三〇代の男性です。男性によりますと、高校生だった二〇〇二年の秋、ジャニーズ事務所のジャニーズJr.が出演する音楽番組「ザ少年倶楽部」に出演を希望していたことから、東京・渋谷のNHK放送センターを訪れ、ダンスの練習に参加したということです。その際、会場に来ていたジャニー喜多川氏から休憩時間に声をかけられ、部屋の外の男性用トイレに連れて行かれると、個室の中で下着を脱がされ、性被害に遭ったと証言しています。男性は大きなショックを受けたということですが、当時、ジャニーズ事務所のアイドルを目指す思いが強く、その後も事務所から連絡を受けると、週末練習に参加したということです。その間、五回ほど局内のトイレの個室で同様の被害に遭ったといいます。数カ月後、初めて拒んだところ、翌週以降、事務所から呼ばれることがなくなったということです。取材に対し男性は「被害を受けた際はこれを我慢しないと夢が叶えられないのかとショックも大きかったですし、今後、どうしていったらいいんだろうとすごく考えました。ことし問題になって、当時のことはやっぱりおかしかったと思いました。ジャニーズ事務所には、今となっては夢をどうしてくれるんだという気持ちが強いです」と話しています。

このニュースに私は驚いた。控室などの個室で性暴力が行なわれていた可能性はあると考えていたが、まさかトイレで、と思ったからである。ただ、七〇九リハーサル室を出て廊下を左に行ったどん詰まり（代々木公園側）にあるトイレは、近くにある美術部（映像デザイン部）の職員以外、利用者が比較的に少ないトイレだった。しかし、立入禁止にでもしない限り、個室内でそうした行為が行なわれていることに多くの職員が気づかないということはありえないように思われた。

この日の夜、ジャニーズ事務所は次のようなコメントを公表した。

弊社は現在、被害者でない可能性が高い方々が、本当の被害者の方々の証言を使って虚偽の話をされているケースが複数あるという情報にも接しており、これから被害者救済のために使用しようと考えている資金が、そうでない人たちに渡りかねないと非常に苦慮しております。そのような事態を招かないためにも、報道機関の皆さまにおかれましては、告発される方々のご主張内容についても十分な検証をして報道をして頂きますようお願い申し上げます。

NHKのトイレで性暴力が行なわれていたという事実を、ジャニーズ事務所は認めたくないようだった。また、二〇二三年一〇月一八日には、NHK会長会見でこの問題を記者から問われたNHKの担当者は、「放送センターで性被害があったことについては、『ザ少年倶楽部』の歴代の担当者にも話を聞きましたが、性被害の事実を知っているという人間はいませんでした」と答えた。NHKも「職員は知らなかった」ことにして責任を小さく見せようとしているようだった。

しかし、「音楽・芸能」出身のNHK関係者は、次のように教えてくれた。

「七階奥のトイレでジャニーさんが少年たちにそうした行為をしていることに、『音楽・芸能』の職員たちは気がついていました。『音楽・芸能』の職員はあのトイレのことを、『ヤリ部屋』という別名で呼んでいました」

衝撃の事実だった。私は事態の深刻さに驚き、NHKは第三者委員会による調査・検証・再発防止策策定をしなければ許されないと再認識した。

NHK職員のハワイ招待問題

複数のNHK関係者から話を聞いた際、NHKの職員がジャニーズ事務所からさまざまな接待やコンサートへの招待を受けていたということを聞いた。その中には現役のNHK専務理事の名前もあった。

ある関係者によれば、複数の「ドラマ」と「音楽・芸能」出身の幹部職員が、二〇一四年九月、ジャニーズ事務所からハワイに招待されたという。その中には私の同期入局の元職員の名前もあった。二〇一四年九月に「嵐」のデビュー一五周年の大規模な野外コンサートがハワイで開催され、NHKはこのコンサートの模様を撮影し、「嵐」のメンバーへのインタビュー映像も加えて、一一月七日に「嵐　一五年目の告白　LIVE&DOCUMENT」を放送している。しかし、ジャニーズ事務所に招待されたNHKの幹部たちは、番組制作スタッフとは別枠の招待であったという。

この問題について、二〇二三年九月二七日に開催されたNHK会長定例記者会見で記者から質問が出て、担当者との間で以下のようなやり取りがあった。

記者　元理事がハワイ旅行に事務所の費用で行ったという話を聞いたが、そうした事実はあるのか。

担当者　そうした事実は把握していません。

記者　調査して、公表する予定はあるのか。

担当者　今みたいなお話だとお答えのしようがないと思います。

記者　調べるのは無理ということか。

担当者　調べるのは無理ということではなく、調べるにあたっての前提といいますか、今みたいな「そういう話がある」というだけで調査することにはならないのではないか。

この元理事とは、ドラマ部出身の若泉久朗（ひさあき）氏のことである。二〇一四年九月時点には制作局の制作主幹を務めていた。その後、理事を務め、退任後にNHKの関連会社には行かず、

ＫＡＤＯＫＡＷＡの執行役員とジャニーズ事務所の顧問に就任したことが週刊誌等で話題になっていた。

このハワイ問題は一〇月一八日のＮＨＫ会長定例記者会見でも記者から質問が出た。

記者　元理事がジャニーズ事務所の顧問になった件に関して、現役時代にハワイ出張に一緒に行ったのではないかという話についてはどうか。

担当者　二〇一四年にジャニーズ事務所の所属のタレントがハワイでコンサートを行なった際に番組の取材に同行し、ご指摘の元理事も出張しました。これは事前に内部の審査手続きを経て承認されたものです。旅費や宿泊料金はＮＨＫで負担をしています。

記者　適切な出張だったのか。

担当者　今申し上げたように、事前の内部審査を行ない、出張として認められて行っています。

記者　元理事だけが行ったのか。

担当者　番組制作を行なっていますので、元理事のほかにも当然、番組の制作担当者らを含めて行っています。

ＮＨＫは、番組制作のために若泉氏が正規の海外出張手続きを経てハワイに同行したことにしたいのだろう。しかし、ドラマ出身の制作主幹という高位の幹部が、番組制作スタッフの一員としてハワイに出張したという説明には無理がある。そして何より疑問なのは「旅費や宿泊料金は

NHKで負担をしています」と主張してしまった点である。なぜならその後、民放各局の調査で、この時に招待された社員の交通費と滞在費をジャニーズ事務所が負担していた事実が次々と明らかになったからである。

テレビ東京の社内調査結果を伝える特別番組（二〇二三年一〇月二六日）は、「ハワイのコンサートに招待され、大勢のメディア関係者と同席で食事した」という社員の証言を放送した。さらに文春オンライン（二〇二三年一一月一日）は、「飛行機はビジネスクラス、宿泊には最高級ホテルの部屋が用意されており、一人当たりの費用は一〇〇万円を優に超えるでしょう。こういう超豪華な接待を受ける一方で、他事務所のタレントを使うなと言われ、圧力を受ける。ジャニーズが、まさにアメとムチでテレビ局をコントロールしていたことがよくわかる事例です」という民放関係者の証言を紹介した。文春からの質問に対する民放各局の回答は、日本テレビが「当時の制作・編成部門が招待を受け出席しました。また、招待とは別に現地でレギュラー番組収録等が行われました」、フジテレビが「当社の者も二〇一四年にハワイのコンサートに行っております。詳細についてはお答えしておりませんが、様々なお付き合いのなかの一つと考えております」、TBSが「TBSから四人参加しておりました」というものだった。そして渡航・宿泊費用についての質問に対して、日本テレビ、フジテレビ、TBSは答えなかったが、テレビ朝日は「五人が参加、交通費や滞在費については旧ジャニーズ事務所にご負担頂きました」と認めた。

その後、TBSが一一月二六日に公表した「旧ジャニーズ事務所問題に関する特別調査委員会による報告書」では、TBSから四人の社員が参加し、飛行機代と宿泊費は旧ジャニーズ事務所が負担したことが記されている。

「二〇一四年九月一八日〜二一日、ジャニーズ事務所側が企画したハワイへのメディアツアーにTBSテレビから四人が参加した（中略）参加した四人は当時の取締役、情報制作局幹部、編成局員、制作局員と判明した。NHKと民放キー局から参加し、各局四人ずつの参加という取り決めになっていたという。他にはスポーツ紙などのメディア関係者が参加し、参加者の総数は約五〇人だったという」

こうした事実にもとづけば、NHKの幹部だけが「自ら旅費や宿泊費を支払った」などということは考えられない。幹部たちは、休暇をとってハワイに行くわけにはいかないので、海外出張伺いを出して認められているだろうが、旅費や宿泊費はNHKに請求していないのではないだろうか。もしジャニーズ事務所が支払った旅費や宿泊費をNHKに請求して受け取っていたら、それは「カラ出張」という不正行為になってしまう。

旧ジャニーズ事務所グループ所有のビルに入居するNHK

NHKとジャニーズの問題を考える上で重要なのは、放送センターに近い「公園通り」沿いにある旧ジャニーズ事務所のグループ会社が所有している三つのビルとNHKとの関係である。パークウェイスクエア1ビル（渋谷区神南一丁目一六―七）の二階にはNHKグローバルメディアサービスが入居、パークウェイスクエア2ビル（神南一丁目一九―一〇）の五階には、「ザ少年倶楽部」などのNHK番組の制作を再委託されている総合映像プロダクション「CRAZY TV

グループ」の本社が入居、パークウェイスクエア3ビル（神南一丁目一六―八）の三～七階にはNHKが入居している。

『毎日新聞』は二〇二三年一二月一一日夕刊で、「YOU　ジャニー喜多川とその時代　『性加害』創業前から　グループ資産、数百億円形成の陰で」という記事を掲載した。それによれば、登記簿を確認し、「都心を中心に少なくとも都内一三カ所に不動産を所有していることがわかった」という。そのうえで、相続税路線価などにもとづく価格を専門家に推定してもらったところ、「土地は計三三六億一九〇〇万円、建物は計四二億七六四〇万円、合わせて三七八億九五四〇万円に上った」。赤坂の六階建て本社ビルは土地を含め約一二〇億円としたうえで、専門家の言葉として、「市場の動向をみると、都心であれば概算した土地価格の二倍（一三カ所で計六七二億円）以上での売買も考えられる」という指摘を伝えた。

この記事に掲載された「旧ジャニーズグループ所有の東京都内の不動産一覧」によれば、公園通りにあるNHKとの関連が指摘されているビルは、パークウェイスクエア1の推定評価額二七億二五〇〇万円、土地取得は二〇〇四年。パークウェイスクエア2の推定評価額は三二億八二四〇万円、土地取得は二〇〇三年。パークウェイスクエア3の推定評価額は六〇億五三〇〇万円、土地取得は二〇一九年である。

二〇一九年四月に竣工したパークウェイスクエア3ビルの三～七階（約七五〇坪）を借りる賃貸借契約を、NHKはいったいどのような条件（賃料・期間・保証金）で旧ジャニーズ事務所グループと結んだのだろうか。記者会見で記者が質問してもNHKの担当者は「個別の契約にあたることはお答えしていません」として一切説明しようとしない。NHKが賃貸借契約の内容を説明しないので正確なことはわからないが、もし募集価格の坪単価を四万円とすると、年間の賃料は約三億六〇〇〇万円、一〇年間の定期借家契約だとすれば、保証金（一般賃貸の敷金にあたる）を含めて総額四〇億円を超える契約である可能性がある。

現在はNHKの「PS3ポスプロセンター」として、ポストプロダクションの施設が配備されている。四階にMA（ダビンク）ルーム三室とND編集室一室、五階にMAルーム五室、六階にECS（エディット・コントロール・システム）八室、七階にND編集室二二室が設置され、NHKの番組制作者に重宝がられている。しかし、この設備はNHKが保有する形態を取らず、「設備導入、ポスプロ作業、設備・運用・管理」のすべてを「CRAZY TVグループ」に委ねている。つまり、NHKが借りているオフィスにCRAZY TVが設備を設置し、CRAZY TVの社員がその設備を運用・管理し、それをNHKの番組制作担当者が利用するという形を取っているのである。いずれにしても、こうした施設を本当に「公園通り」という繁華街に面し、賃料が異常に高額なビルに設置する必要があったのだろうか。NHKの近くという条件でも、西口側の神山町などであれば賃料は半額以下で済んだだろう。

さらに、このパークウェイスクエア3の契約には疑惑がある。NHKの関係者によれば、NHKが旧ジャニーズ事務所グループからこのオフィスを借りてから二年あまり、職員の研修・セミナーや就活イベントなどで不定期にしか使われていなかったという。その間も高額な賃料が支払われていたはずである。このオフィスに放送センターのポストプロダクションの設備を設置し運用することが決まり、その構築・運用・管理（期間は二〇二一年一〇月一日〜二〇二七年九月三〇日の七二カ月間）を行なう業者を決める一般競争入札の広告が出されたのは、二〇二一年一月一五日のことであった。NHKが賃貸借契約を結んだと思われる二〇一九年七月前後から、実に一年半以上後のことである。そして、実際に「PS3ポスプロセンター」がNHK編成局計画管理部（施設）リソース管理により運用が始まったのは、二〇二一年一〇月のことである。このことは賃貸借契約が結ばれた時に、このオフィスを何に使うのか、NHKには明確な目的がなく、旧ジャニーズ事務所グループからの強い要請でやむを得ず借りることになった可能性があることを示している。

こうした疑念がある以上、NHKはそれを晴らすためにも、このオフィスの賃貸借契約が結ばれた経緯と、契約内容（賃料・期間・保証金・途中解約時の損害金支払いなど）の詳細を説明する責任がある。

NHKが旧ジャニーズ事務所グループとパークウェイスクエア3のオフィスの賃貸借契約を締結したとされる二〇一九年七月からまもなくして、米津玄師が作詞・作曲したNHK2020ソング『カイト』を嵐が歌うことが決まり、一二月三一日の第七〇回紅白歌合戦で、完成したばかりの新国立競技場で収録された映像が披露された。この時、紅白では嵐の櫻井翔が白組の司会を務め、嵐は大トリを務めた。旧ジャニーズ事務所から六組のグループが出場し、その他にジャニー喜多川追悼企画「ジャニーさんが夢見た2020ステージ」には、SixTONESとSnow Man、そしてジャニーズJr.が出演した。

第三者委員会設置を拒絶

二〇二三年一〇月九日にNHKニュース7が、NHKのトイレで被害に遭ったという男性の証言を伝えて以降も、稲葉会長はかたくなに第三者委員会を設置しての調査・検証を拒みつづけた。二〇二三年一〇月一八日の記者会見では、ついに「報道機関として自主自律を堅持する立場から」などという訳のわからない理由を持ち出した。

記者　前回の会見では第三者委員会は作らないという話だったが、変化はないか。
会長　NHKは報道機関であって、報道を通じて真実を皆さまに提供するという責務があると思います。したがって、特に放送をめぐって問題が起きた場合には、報道機関として自主自律を堅持する立場から、自ら原因や背景を解明して再発防止を行なうということが必要で、そうだとすると、自主自律の観点からは、例えば第三者委員会を設置しての調査ではなく、自分自身でしっかり原因・背景を解明し、それをニュースや「クローズアップ現代」といった番組で取り上げていくことで適切に報道していきたいと考えています。

さらに二〇二三年一一月一五日の記者会見でも稲葉会長は以下のように答えた。

記者　ジャニー喜多川氏による性加害の問題について、NHKに対して検証を求める声も出ているなか、第三者委員会を設置するなどして検証する考えはあるか。

会長　そういう視聴者からの声があるという報告は聞いています。これはＮＨＫ自身の考え方ですが、放送をめぐって問題が起きた場合、報道機関として自主自律を堅持する立場から、あくまで自ら原因や背景を解明し、再発防止を行なうことが必要だと認識しています。今回についても自主自律の観点から、第三者委員会のようなものを設置して調査するということではなく、九月一一日に放送した「クローズアップ現代」のように適宜、番組やニュースで取り上げて皆さまにご報告していく。そういうスタンスを堅持したいと思います。

二〇二三年一二月四日、ＮＨＫのクローズアップ現代は「検証・ジャニーズ性加害〝救済〟めぐる壁」を放送した。そして、旧ジャニーズ事務所の救済委員会につなげてもらえない人のひととして、ＮＨＫのトイレで性被害に遭ったという男性を取り上げた。

ナレーション　被害を訴えている三〇代の男性です。高校生だった二〇〇二年秋、ジャニーズ事務所に履歴書を送りました。すると事務所から通知が届き、ＮＨＫでオーディションを行なうと書かれていました。

ナレーション　当時ＮＨＫが放送していたのが、ジャニーズJr.が出演する「ザ少年倶楽部」。局内でリハーサルやレッスンが行なわれていました。

男性　憧れていた。そういう舞台と言いますか、ワクワク、高揚感っていうのは今でも覚えています。

ナレーション　昼ごろ、NHKの西玄関に着いた男性。他の少年たちと一緒に会場に向かうように案内されたと言います。

男性　部屋に着いてからは、まず長テーブルに名札があったのでそれを胸に付けて、曲目とダンスの振り付けが始まった感じですね。振付師の先生と、あとジャニーさんがいたのは記憶しています。動きがいい人はちょっとずつ前のほうに、という感じでした。夢をかなえるチャンスだったので、（ジャニー氏が）本当に近くに来た時には、すごいいい笑顔で踊ってましたね。

ナレーション　男性が語った詳細は、そのころNHKに通っていたジュニアや番組の担当者の証言と多くの点で一致しています。男性が被害に遭ったというのは休憩時間のことでした。ジャニー氏から部屋の外に一人だけ呼び出されたと言います。

男性　トイレに案内されて、個室に入るときに、ちょっと手をひっぱられて。突然のことだったので声が出せず、もう本当に嫌な気持ちになり、目をつむって、ずっと上を向いていました。これを我慢していないと夢がかなえられないのかと、ショックも大きかったです。

ナレーション　その後、五回ほど同様の被害に遭ったという男性。数カ月後に意を決して拒むと、事務所からの連絡が途絶えたと言います。

ナレーション　今年九月、男性は被害を申告。すると事務所側から話をしたいと連絡があり、NHK内部の構造や被害を受けた場所など、およそ一時間にわたって質問されたと言います。

男性　当時の知り得る限りの情報をお伝えしたんですけど、信じてもらえないっていう状況は、すごいつらかったですね。けっこう高圧的な印象を私はもって、萎縮してしまった。

ナレーション　面談の結果、さらなる確認が必要だとされました。現在、弁護士にも相談している男性。在籍を証明するため、当時送り迎えをしてくれた親にも被害を打ち明け、証言を頼むべきか悩んでいます。

男性　家族全員、応援してくれていたので、（被害を）口が裂けても言えなかったので。それ以外に方法がないんだったらしかたがない。

この番組では「ザ少年倶楽部」の番組の関係者（元職員や制作会社社員、元ジャニーズJr.）への取材をもとに、NHKのリハーサル室で行なわれたジャニーズJr.のオーディションにNHKが関わっていなかったこと、リハーサル室でのレッスンなどにNHKの関係者がいない時間が多くあったことなど、いくつかの重要な事実を明らかにした。

ナレーション　一方、当時「ザ少年倶楽部」にかかわるNHKの子どもの管理体制はどうなっていたのか。今回、二〇〇二年当時の資料は確認できませんでした。しかし、二〇一〇年時点の台本では、有名なジュニア以外は「他」として扱われるなど、名前が把握されていない出演者が数多くいました。

ナレーション　二〇〇二年の番組関係者も、当時からそうした状況があったと証言しました。

テロップ　番組関係者（二〇〇二年当時）「ジュニア」に誰がいるのかはわからないし、頻繁に収録があるので、いちいち確認はしていない。

ナレーション　さらに番組にかかわっていたNHKの元職員や制作会社の元社員は。

テロップ　NHKプロデューサー（二〇〇〇年代）　少年の名簿などを番組側は持っていない。あくまで「ジュニア」総体としてブッキングしていた。

テロップ　制作会社社員（九〇年代〜二〇〇〇年代）　前身番組から「誰をいつ集めるか」、（うしろで踊る）出演者の人選はすべて事務所の言いなりだった。

ナレーション　また被害を訴える男性など、多くの子どもたちが集められていたオーディション。NHKのリハーサル室が会場になっているにもかかわらず、事務所関係者のみで行なわれるのが通例だったと言います。

テロップ　制作会社社員（二〇〇〇年代）　子どもたちが踊り、ジャニー氏がその周りをグルグルと見て回っていたのを、一度だけ目撃したことがある。オーディションにNHKは関わっていなかった。

ナレーション　番組のためのレッスンの際にも、NHK関係者が立ち会わない時間が多くあったと言います。

テロップ　制作会社社員（二〇〇〇年代）　日曜には部屋は一日取っていて、お昼からレッスンをしていた。しかし、午後三時から七時ごろのリハーサルの時間以外は、NHKの関係者がいないことが大半だった。

ナレーション　そんな中、ジャニー氏が少年たちに近づく姿を元ジュニアが目撃していました。

テロップ　NHKに通っていた元ジュニア（二〇〇二年）　休憩のときにジャニーさんが売店で、ホタテの干物やぬれせんべいとか、お菓子を買ってきてくれた。ジャニーさんが小中学生のジュニアをひざに座らせていた。自分も座ったし、よく見る光景だった。

この番組の取材内容を受けたNHKのコメントを桑子真帆キャスターが読み上げた。

放送センター内で深刻な性被害を受けたという男性の証言を重く受け止めています。二〇〇二年ごろ、この番組では選曲や主な出演者の決定、それに番組の構成はNHKが行なっていました。番組内で紹介する主要なジュニアのメンバーについてはNHKで人数や名前を把握していましたが、それ以外、誰が後ろで踊るかなどは曲ごとの振り付けに関わることなのでジャニーズ事務所に任せており、NHKでは名前などを把握していませんでした。今から二〇年以上前で当時の詳しい資料などは残っておらず、不明な点もありますが、番組内で紹介する主要なメンバー以外の方々への局内での対応は、ジャニーズ事務所の複数のマネージャーが担当し、こうした役割についてNHKは関与していなかったと認識しています。被害を受けたという男性の証言は、番組の制作責任を持つNHKとして看過できない問題であり、今後の出演者の安全や人権を守る取り組みをさらに進めてまいります。

つまり、NHK内で被害に遭ったのはこの男性だけで、二〇年前のことで資料も残っていないので不明な点が多いとして、NHKの責任を矮小化しようとしているのである。しかし、NHK内で被害に遭ったのがこの男性だけだったなどということはあり得ない。ジャニー喜多川氏は二〇年以上にわたってNHKのリハーサル室を頻繁に利用しており、その間に何百人もの子どもたちがリハーサル室でオーディション、レッスンを受けていたのであり、被害者がこの男性一人などということは考えられないだろう。七〇九リハーサル室近くのトイレを「音楽・芸能」の職員が「ヤリ部屋」と呼ぶようになったのは、ジャニー喜多川氏による性暴力が、そのトイレで頻繁に行なわれていることを認識していたからにほかならない。

この「クローズアップ現代」を見て私が不可解に思ったことがあった。番組で取り上げられた証言の中に、「ザ少年倶楽部」の制作に最近まで携わっていた「音楽・芸能」の現役職員の証言がまったくないのである。なぜなのか、事情を詳しく知るNHKの関係者に話を聞いた。すると、この「クローズアップ現代」の取材への協力を、現役の「音楽・芸能」の職員が拒否したとのことだった。このことは、「番組で検証し、説明する」と言っていた稲葉会長から取材への協力要請などが一切出ていなかったことを意味している。それどころかNHK内には、ジャニーズ問題の番組を制作するためのプロジェクトすら立ち上げられていないことがわかった。このクロ現の番組も、報道局の心あるCP、ディレクター、記者たちが必死に取材して材料をかき集め、何とか真相に迫ろうとしたものであるという。「音楽・芸能」の協力が得られない孤立無援の状況の中、努力を重ねて放送にこぎ着けたものだったのである。すなわち、「自ら原因や背景を解明し、再発防止を行なう」と言っていた稲葉会長の言葉は嘘だったのだ。

ことここに至って私はＮＨＫの現執行部に期待しても意味がないことを悟り、これまでに取材して知り得た事実を、メディアで発信することを決意した。そして神保哲生さんと宮台真司さんが司会を務めるＶＩＤＥＯ　ＮＥＷＳの「マル激トーク・オン・ディマンド」（第一一八四回「政治権力に屈し自身のジャニーズ問題とも向き合えないＮＨＫに公共メディアを担う資格があるのか」二〇二三年一二月一六日公開）に出演して話した。

一二月二〇日に開催されたＮＨＫ会長定例記者会見は、出席した多くの記者たちが私の出演した「マル激」を視聴していたため、ジャニーズ問題に関する記者からの質問は厳しいものとなった。しかし、稲葉会長は「放送をめぐって問題が起きた場合、報道機関として自ら原因・背景を解明して、再発防止を行なう。そして報道することが一番重要ではないか」と述べ、第三者委員会を設置するつもりがないことを重ねて明言した。

一二月四日に放送された「クローズアップ現代」でＮＨＫのリハーサル室で行なわれていたオーディションにＮＨＫがまったく関わっていなかったという事実、リハーサル室でのレッスンなどにＮＨＫの関係者が不在の時間が大半だったという事実が明らかになったにもかかわらず、稲葉会長は「現在のところ、不適正な行為が内部的に見つかったことはないと理解しています」と平然と述べた。さらにジャニー喜多川氏の性加害問題の責任からＮＨＫが逃れようとしているのではないかと問われると、「第三者委員会を設置してきちっと考える問題とはちがう」と言ってのけた。

公共放送ＮＨＫが子どもへの性暴力に加担してしまった問題が、「きちっと考える問題とはちがう」と言うのである。もはや救いようはない。

第12章——内部抗争

——BS配信をめぐる予算問題と特命監査

送られてきた「厳秘」資料

二〇二三年一二月二二日、NHKは「内部監査に関する規程等に違反し、内部監査の資料を持ち出すなどの行為をしていた」として、前内部監査室の基幹職（管理職）の三人（五〇代二人、六〇代一人）を停職一カ月の懲戒処分にした」と発表した。こうした規程違反で停職一カ月というのは、異例に厳しい処分である。NHKは持ち出された資料が具体的にどのようなもので、職員がそれをどうしたのか一切公表しなかった。二〇二四年一月九日に開催された経営委員会で井伊雅子委員が「調査結果は個人の人権を害さない範囲で公表されて当然だと思います」と具体的な説明を求めたのに対し、大草透監査委員は「この案件についてどのような対応をするかについて、もう少し預からせていただければと思います」と述べ、説明を拒んだ。さらに二月一四日の会長定例記者会見で記者が「内部監査室の職員の処分に関して、調査結果を説明してほしいという意見も経営委員の中にはあるようだが、今後、調査結果を公表することはあるのか？」と質問したのに対して担当者は「処分についてはお答えしておりません」と説明を拒絶した。この問題に対するNHK執行部の対応は、異常なほどにかたくなである。

この前内部監査室基幹職三人の処分発表を目にした時、私は「もしかすると、あのリーク文書も含まれるのか」と思い当たる節があった。

二〇二三年九月下旬、「日本ビデオニュース株式会社様方　七月出演者　長井暁ジャーナリスト様」宛に、「職員有志」から封書が届いたのである。中には「厳秘　臨時役員会　文字起こし　二〇二三年四月一九日」と表題のついた九枚の書類が入っていた。後に新聞各紙を巻き込んで大問題となる「NHKのBS番組インターネット配信のために九億円を予算計上した問題」について最初に議題とした役員会の議事録（文字起こし）だった。

この資料を精査してみると、この問題について最初に話し合われたとされる理事会（二〇二三年四月二四日開催・六月二日公表）の議事録とはまったく異なる内容が記されていた。公表されていた理事会議事録では、会議は稲葉会長が主導し、この支出を決定した稟議について、「内部調査を行った結果、各種制度・規律に抵触している疑いが濃いと判断するに至りました」と述べ、法務部と関係部局に法的問題についての調査・報告を指示。内部監査室に会長特命監査の実施と報告を指示。業務担当部局に関連する業務を停止するよう、淡々と指示している。

しかし、送られてきた「厳秘」の文字起こしには、理事の間の激しいやりとりが生々しく記録されていた。

臨時役員会での緊迫したやりとり

議論の口火を切ったのは井上樹彦副会長である。

井上　NHKプラスにおける衛星番組の配信対応整備についての稟議についてです。今、投影しております。この稟議書なんですけども、この稟議は決裁を経て、調達、落札まで済んでおります。しかし、本稟議につきましては、同稟議添付の資料が示す通り、NHKが大臣認可等を必要とする「NHKインターネット活用業務実施基準」のもとでは、現在実施することができないものであるにもかかわらず、受信料の支出を行う決定が行われる内容となっていました。（中略）実施基準上は実施することができない事項に該当するということです。本稟議をそのまま放置すれば、違法性の疑いはまぬがれないものであるため事実関係を調査するとともに適切な対処を行いたいと考えております。

この日、役員会でこの問題が議題となることを理事たちは知らされていなかったようで、前田会長時代に問題の稟議を承認した理事たちは慌てて弁明を始める。まずは児玉圭司理事（技師長）が弁明する。

児玉　当時、技術局長という立場で、たしか一二月だったと思いますけども、この稟議書を起案しています。（中略）検討プロジェクトが立ち上がると経営計画の担当者から報告を受けた。プロジェクトには経営企画局、メディア総局とあわせて技術局も入るというような報告だったと記憶しております。（中略）配信基盤を作るにあたって時間がないと、二〇二四年の四月には〔NHK〕プラスでの配信をしなくてはならないということなので、時間がないということで。（中略）最終的にそのプロジェクトの中で、こういう形でサービスをしていくということが決まりましたと、それを受けてシステム整備ということで稟議書を起票したということ。

井上　サービスをしていくことが決まりましたというのはどういうこと?

児玉　プロジェクトの会議には私は出ていないし、最終的にこの稟議書を起票するにあたってプロジェクトのほうから、BSについて、二波化になるのでそれに向けてサービスの低下になると、ひいては受信契約へのマイナスの影響も考えられると。サービスをなるべくみられるようにネットでやっていきたいと、こういう話だった。(中略)経営企画局の担当だったと思いますが、この件については、会長の了承をもらっているという話がありましたので、私としてはその稟議書にサインをしたと。

ここですかさず林理恵専務理事が弁明を始める。

林　私もちょっとあの、今日この話がでると聞いていなかったので手元にこまかな日付とか材料がないのですが、記憶している限りのことを申し上げます。(中略)衛星が二波化することがわかっていて、二波化になるにあたり衛星の逆契変が非常に懸念されるということ、二〇〇億のキャップについても、早晩、それはなくなるであろうと、そういう見通しを経営計画のほうから示されまして。現場としては、経営としてはそういう判断をしているという説明だったので、現場としては、そういう決定がなされたのであれば、中身をきちんと整えていかないと、出せるようにしておかなければならないということで、体制をあとから追いかけて整えるということをせざるを得ないと。

井上　何も決まっていない、しかもＮＨＫのネット業務については、きわめて重要な、ホットイシューというか繊細な、二〇〇億という上限がある中で、世間の注目が集まっている中で、そういう決まっていないことに対して、受信料をこれに使うということについて、決定してしまうことについて、この稟議が理事だけで六人が承認しているのですけども、この稟議の内容を見れば、誰がどう考えても疑問に思う、これはちょっとまずいんじゃないかと、実施基準がまったくクリアされていない中で、受信料を投入してしまうことについて議論とか懸念とか心配とかなかったかどうかですね。

ここで板野専務理事が話に割って入る。井上副会長とは籾井会長に一緒に反旗を翻して以来の盟友である。

板野　あのとき、熊埜御堂さんが説明してくれたのかな、その中に、ＮＨＫプラスで衛星放送を配信するという考えがある、くらいのことだったと思います。

名前を出された熊埜御堂朋子理事が弁明する。

熊埜御堂　これは、逆契変を防ぐ大きな手だてだということで、重要なアレになりうるのではないのかということで、議論が進んでいたということは記憶しております。役員定例は秋ごろだったか、後で調べればわかります。

板野　これを発議したのは誰でしたか？　これは役員は誰も意思決定していないのに稟議だけ通るっていうのが驚愕だ。

板野氏が「これを発議したのは誰でしたか？」と振っても、経営企画担当の伊藤浩専務理事は発言しなかった。井上副会長が発言する。

井上　いろいろな影響があるわけですよ。局内だけでなく外でも。NHKのネット配信は放送界の最大の関心事。これは当然、総務省にも各民放にも感触はあたりながら、これはNHKだけで決められる話じゃない。実施基準はNHKが自ら決めたらいいということなんだけども、それは当然影響が全放送界に及ぶ話。独走はできない。それこそNHKのよってたつ基盤を考えれば。なぜそれが前提としてあるのに、この設備整備だけ先にもう決定してお金が使われてしまったのか。

板野　使ったの？

井上　使っています。調達してますから。

板野　これって民放は大反対だよね。表に出たとたんに。

井上　いま、熊埜御堂理事が言った、全国局長会議で「検討している」といっただけでも反応する話なんですよ。戦略本部長がそういったこと。それぐらいの大きな課題じゃないですか。

板野　経営企画はどうかんでいるの？

板野氏に再び振られて、ようやく伊藤氏が口を開く。

伊藤　経営企画局はですね、前会長から一波削減という状況と4Kの普及を進めなくてはならないと、その両方に対応していく必要があるというところと、NHKプラスの強化というところで対応を考えるということを言われて、で、さきほど話が出ましたプロジェクトを立ち上げて具体的にどうしていくかということを経営企画と現場、デジタルセンターなどと検討していったというのが、経緯でございます。（中略）どういう動きになっても対応できるように準備をしておく必要があるということで、最短二〇二四年からということも考えながら、基盤整備には二年くらい時間が必要だということもございましたので、やっていくということで、進めてきたということです。（中略）ご指摘の通り、現行のネット実施基準下においては、BSは周知広報以外では配信できないという状況ではございますので、周知広報目的であればその道筋はあると思いますが、たとえば常時であったりとかいうことはまったくできない状況にございますので、そこについては対応しなければこれは具体的には実行できないと、いうことについては、前会長にも申し上げたところでございます。

井上　ちょっと、どういうことですか。

板野　会長が判断したっていうこと？

伊藤　最終的には会長のところで対策を考えろと言われ、プロジェクトの報告は会長にしております。で、じゃこれで稟議に回そうということになっているという経緯です。

ここでただ一人の常勤の経営委員で監査委員を兼ねる大草透氏（リモート参加）が発言する。

大草　前田会長時代は、かなりトップダウンで進めておられたので、「会長の了承を得ているから」という錦の御旗があれば進んでしまう。なんかおかしいなと思っても声を出しにくい雰囲気があったのではないか。（中略）会長がやれといったから、会長の了解を得ているからというだけでいろんなことが、責任がよくわからないまま進んでいくというのはNHKの悪習じゃないかと思う。

大草氏が指摘するように、前田会長時代には伊藤専務理事が会長の威光を笠に着て、トップダウンで物事を強引に進めることが多かった。そうした伊藤氏のやり方に対して、職員の間では怨嗟の声が高まっていた。井上副会長が発言する。

井上　そこが今回の大きなポイントかと思う。この件も経緯をトレースして改善すべきは改善していきたいと思う。それで先ほどの説明が、よくわからないのだが、経営企画局は当然実施基準をこれから変えるにしても変えるお願いをするにしても状況を把握しているわけですよね。NHKの中で一番。

伊藤　はい。

井上　それが起案者になって、まだその実施基準がクリアされてもいないのにフルスペックまで設備を整備するということを発議して、稟議して承認してもらったと。ここのつながりというか経緯がわからない。

伊藤　当時の会長の指示として今後の変化に耐えられる準備を行うべしということがございましたので、こういう形でさせていただいたと。

井上　会長に担当理事がそれを言わないといけないですよ。これはできないと。

伊藤　現状の実施基準ではできないと。

井上　言っても止まらなかったということ?

伊藤　二〇二四年度以降のところで、実行できる環境が整ったところでサービスを実行していくということのために準備作業を整えていくと。

井上　心の準備はやっていいんだけども費用がかかる話だから。これはこのあとの会計監査とかで見れば矛盾するわけですよ。だって決まっていないことを了として予算ついているってことですから。一〇億近くね。

ここで、いたたまれなくなったのか、政治部出身でありながら前田会長に尻尾を振ったと見られていた正籬聡特別主幹（前副会長）が発言する。

正籬　私も稟議に署名したんですけども。（中略）二〇二三年度の周知広報をするための設備が必要なんだと、そういう説明を私は受けて、先のことも説明資料には記載があったが、二〇二三年度の周知広報に必要な設備整備などという説明を受けた記憶があります。

伊藤　その通りでございまして、二〇二三年度実施計画に書いてある高精細映像の周知広報のための配信と、これはすでに経営委員会にも了承されている話でこのあとの設備が相当部分含まれているということでございます。

井上　そのことと、稟議書の事業内容、一致していないのではないですか？

伊藤　ご指摘の通りで、この稟議書の書き方、表現の仕方というところが実情のところとずれているということについて、十分にチェックをすべきであったということも明らかです。

井上　表現の仕方じゃないですよ。本質的な話じゃないですか。二〇二四年度から衛星放送を新BS2K、新BS4KをNHKプラスで配信するためと記載している。

伊藤　はい、おっしゃる通りです。その点については……。

伊藤氏の慇懃無礼な物言いに、井上副会長が声を荒らげる。

井上　表現がどうこうじゃないよ。

伊藤　基本的には違っている。まだ決まっていないことでございまして。

とここに至り、伊藤氏は井上氏に全面的に降伏したのである。

井上　これを見れば、誰がどう見てもこれは違うと思うと思うのですが、この稟議を承認した人たち、ここはまあ、見ていなかったというか、素通りしてしまったというか……（聞き取れず）。その二〇二三年度の周知広報という高精細の映像を番組を絞ってというのは、これは、ステップ一というのが、これが伊藤さんの言ったところのなんだけど、これが一・一億なんだよね。フルスペックの４Ｋ配信となっているので九億円に、もう二〇二三年度に整備コストとして計上されているわけです。ここが今回の実施基準にも抵触するところ、ここを見れば、普通は疑問がわくと思うんです。

板野　実際に支出されているのは九億ということ？

井上　まあ、支出予定がということですね。

板野　まだされていない。

井上　ですが、調達が終わって業者も決まっている。

板野　場合によっては損害賠償請求の対象になる。

井上　落札した側から見ればそう。

板野　実損が生じる可能性が高い？

井上　ええ、そこですね。そのへんのこともあとでお話しします。これは業者も決まっている
し、稟議書にも載っているので公表は免れないという事案です。

ここで竹村範之特別主幹（現在は専務理事）が発言する。竹村氏は京都大学法学部を卒業後に
NHKに入局。本人が希望して一貫して経営管理部門を歩き続けてきた人事・労務・財務・経理
のスペシャリストで、退職後はNHK文化センター社長、NHKサービスセンター理事長などを
務めた。井上氏と同様に七〇歳に近く、本来であれば理事に就任するような年齢ではないが、井
上副会長に請われて執行部入りしたと言われている。現在、NHKの重要な決定は、稲葉会長、
井上副会長、竹村専務理事の三人によってなされている。

竹村　放送法の定めているところの、NHKの受信料を使えるところは決まっておりますので、
業務・事業外のところに受信料を投下するということを表立っては言わずに、予算にも乗せ
ていて、なおかつ実行に移しているということがやはりどうしても大きな問題として残りま
す。

板野　受信料の目的外使用ということ？

竹村　はい。

井上　さきほど板野専務からもありましたが、これはすでに調達し業者が決定しており、実損

が出かねない、出る可能性のある状況ですので、落札者の権利保護の点でも非常に重要です。（中略）情報の管理も含めて重要な課題ですので、私を責任者として対応し、情報を集約して進めていきます。

板野　イリーガルな対応は絶対にやってはならないということで、おそらくこの業者はうちと取引があるところかと思うが、損をのんでくれとかそういうことをやったら致命傷になる。かならずきちんと法的に瑕疵のない対応をしていただきたい。

ここでようやく稲葉延雄会長が発言する。

稲葉　ＮＨＫの稟議というのはすごく不思議な感じがしている。（中略）困ったときに稟議だけ上げちゃえという発想は、もうやめたほうがいい。困ったときほどそういう議論をちゃんとやることが大切。それから役員の方々に対してですが、メクラバン（ママ）はやめてほしいと、本当に。（中略）よくよく考えて！　ご自身のためによくよく考えて！　そのうえで稟議に対応してください。

井上　基本的な判断に基づけば当然、これはおかしい、このままではいけないということがわかる話。たとえば会長と私という新しく来た二人が見たら、これはちょっとまずいんじゃないかとすぐにわかったわけです。かたや未遂というかこっちは半分既遂なんですけども。（中略）場合によっては表に出ていく中でＮＨＫとしてなすべきことをやり、謝るべきところは謝る、それでも自分たちの自浄能力があったんだと。（中略）多少ダメージを受けるかもしれませんが、この二つの事案における意思決定プロセスは、このままでは全くダメなので、そこはもう皆さんと一緒にこれから是正していきたいと、しっかりしたものでやっていきたいと思います。

外部に公表するという話に中嶋太一理事が反応する。中嶋氏は私と同期入局の社会部記者出身で、現役時代は特ダネ記者の一人と目されていた。伊藤氏に抜擢されて理事に就任していた。

中嶋　副会長が責任者で進めるというお話があったが、話の中で公表という話があったが、衛星の配信の話は外部に公表するということですか？

井上　もはやいろいろな人が知る立場になっている状況である、受注した業者もあるいは現場も、言ってみれば既定の事実のように今進めようとしているわけですよね。そういう認識の職員もいるでしょうから。それがいったん中止ということになれば情報が駆け巡っていくことになるので、この対応はこれからしなくてはならない。

中嶋　これ、NHK予算って国会も通っているじゃないですか。その部分はどういう対応をするのですか？

井上　それも非常に重要なポイントです。つまり予算を我々は国会に提出して承認を受けているわけです。その予算の中身にこういうことがあったと、それは国会に対してもきちんと説明しないといけないし、場合によってはお詫びもしないといけない。

この緊迫の臨時役員会は、小川航秘書室長の次のような発言で終わりを迎えた。

小川　これもし、国会に説明となると最悪の場合は、予算の出し直ししろとか罰金刑という可能性も出てくる事案です。ただ、そうならないように何ができるかという、板野専務からもご指摘があったようにイリーガルにならない、そういう方法で何ができるかをしっかり考えて、落札業者の保護ですとか、法制度の観点からさまざまな見地から議論して方向性を会長、副会長のもとで検討していきたいと思います。役員各位のご協力をよろしくお願いいたします。

こうして四月一九日の臨時役員会で井上副会長と板野専務理事に吊るし上げられた伊藤専務理事は、その直後の四月二五日に専務理事を退任した。

結局、このBS番組のネット配信予算の計上問題は、伊藤氏を中心とする前田執行部で重用されていた幹部たちを一掃するのに利用されたのである。伊藤氏はその後、この問題が新聞各紙で大々的に報道され、新聞協会からも厳しく批判されると、内定していた放送文化基金の専務理事就任さえも取り消され、現在は埼玉県川口市にあるNHKアーカイブスに部屋をあてがわれて蟄居させられているという。

臨時役員会資料から判明したこと

この臨時役員会の文字起こしからは、その他にもさまざまなことが明らかになる。

①NHKがウェブサイトに毎回公表している理事会の議事録は、会長が主導して議事が進められているが、報告者以外の理事はほとんど発言せず、報告が終わると会長が「ご意見等がありませんので、原案どおり決定（了承）します」と発言して次の議題に進むことの連続である。議論がほとんどないのである。つまり、本当の議論はこうした非公表の役員会で行なわれているのであり、理事会は、公表する議事録を作るための儀式の場でしかないということである。NHKは実質的な審議が行なわれている本当の役員会の議事録を公表すべきである。

②公表されている理事会議事録では常に稲葉会長が主導しているように作られているが、この臨時役員会でのやり取りを見れば、NHK執行部を仕切っているのは井上樹彦副会長である。

③NHKの衛星放送は二〇二三年一二月にBS1とBSプレミアムを統合し、衛星波（2K）を一波削減することになっている。この削減が衛星契約受信料をめぐる値下げ要求や衛星契約の解約につながるおそれがあり、衛星波削減と引き換えに視聴者に対するサービス向上策としてBS番組のネット配信の準備を急いでいたこともわかる。

④この問題が新聞各紙で報道されて以降、稲葉会長は「NHKインターネット活用業務実施基準や実施計画に違反しかねない設備調達の動きがあった」が、「違法な支出、支払いがなされることは未然に防いでいます」（二〇二三年六月二一日、会長定例記者会見）と発言し、井上副会長

も「この問題は、四月に稲葉会長のもとで、こうしたことが行なわれていたということを自主的に覚知しました。われわれの自浄作用が働いたと考えています」（二〇二三年七月二六日、会長定例記者会見）と述べている。しかし臨時役員会のやり取りからは、「実際には調達も終わり落札業者も決まってしまっていた」ことから、「使っています」「半分既遂」「損害賠償請求の対象になる」と認識していたことがわかる。さらに放送法に触れる「受信料の目的外使用」にあたるのではないかと認識していたこともわかる。

⑤そして、こうした本来は支出できない内容がＮＨＫ予算に計上され、経営委員会の承認を得て国会に提出され、国会の承認を受けてしまったことから、最悪の場合は「予算の出し直し」や罰金を科される可能性もあるという危機感を抱いていたことがわかる。

⑥しかし、実際にはＮＨＫはその後、総務省や与党と話をつけ、九億円は「周知広報の配信」「地上波同時配信・見逃し番組配信のバックアップ」という用途であれば、現行のインターネット活用業務実施計画内で実施可能であるとして、当初計画にもとづいて予算の執行を再開した。ＮＨＫは予算の出し直しを免れたのである。しかし、この臨時役員会でのやり取りを見れば、「高精度映像の周知広報に必要な設備」に必要な予算は一億一〇〇〇万円であり、九億円は４Ｋ配信をフルスペックで行なうための設備整備に必要なコストとして計上していたことがわかる。完全なごまかしである。

社会部潰し？

NHKの関係者によると、この臨時役員会の直後、NHK内には「政治部による社会部潰しが始まる」との情報が流れ始めたという。

前田会長時代はNHK初の、いわば「社会部政権」であった。前田会長は政治部記者出身者をあまり重視せず、社会部記者出身の松坂千尋理事が推した伊藤浩氏を重用した。そして、二〇二〇年四月に前田会長は、松坂氏を専務理事に、伊藤氏を理事に任命した。

その後、多くの重要な案件が前田会長と伊藤氏の二人だけで決定され、それがトップダウンで現場に命じられるようになっていった。その一方で前田会長は、政治部記者出身の小池英夫専務理事を大阪放送局長に任命し、遠ざけるようなこともした。二〇二二年四月には松坂専務理事は退任するが、伊藤氏は自らは専務理事となるとともに、社会部記者出身の中嶋太一氏と山内昌彦氏を理事にすることに成功する。こうして伊藤氏を中心とする社会部執行部は地歩を固めていった。しかし、こうした動きに、政治部記者出身の幹部の間で不満が溜まっていた。

前田会長時代の伊藤氏の強引な手法には多くの職員から怨嗟の声があがっていたので、伊藤氏の失脚に同情を寄せる職員はほとんどいない。しかし、それが本当に「社会部潰し」につながるとすれば、話は別だ。社会部はNHKの事件・事故・災害報道の中核であり、それが損なわれることはNHKの取材力全体の減退を意味するからである。

朝日新聞のスクープ——問題の表面化

二〇二三年五月三〇日の『朝日新聞』朝刊の一面トップに「NHK、未認可配信に九億円予算

計上　放送法抵触の可能性」という大きな記事が掲載された。

「NHKが、衛星放送番組のインターネット配信が事業として認められていないにもかかわらず、二〇二三年度予算に配信の関連支出約九億円を盛り込んでいたことが、複数のNHK関係者への取材でわかった。一月に会長に就任した稲葉延雄氏はこの件で局内調査を指示。前田晃伸前会長を含む当時の関係理事らからヒアリングを行い、調査の結果、NHKの対応はガバナンス上問題だったとの指摘がなされたという。予算手続きは、放送法に抵触する可能性がある」

『朝日新聞』の記事を見ると、五月上旬に実施された特別監査の情報が朝日新聞の記者にリークされていることがわかる。

『朝日新聞』のこの報道を受けてNHK広報局は、「インターネット活用業務に係る不適切な調達手続きの是正について」という文書を公表した。今回の経緯を説明した上で「こうしたことが二度と起きないよう再発防止を徹底します。意思決定のプロセスなどについて、ガバナンスのあり方を再確認し、改革を行ってまいります」とのNHKコメントが記されていた。

さらに五月三〇日正午のNHKニュースは、二分四五秒にわたってこの問題を伝えた。

「NHKはインターネット活用業務に関連して、今年度の予算・事業計画との明確な関係を十分に説明しないまま、現在認められていない衛星放送番組の同時配信の開発に向けた設備を調達する手続きを進めていたことを明らかにしました。松本総務大臣はNHKに対し、ガバナンスを徹底し今後も放送法にのっとって適切に運営していくよう求めました」

ニュースの最後は松本総務大臣の「NHK自身がお考えになって、是正すべき必要があるということで是正をしていただいた。放送法に抵触するおそれはない状況に今あると、私は理解いたしているところであります。ガバナンスをしっかり稲葉会長のもとでしていただいて、適切に放送法にのっとってNHKの協会の運営をしていただきたい」との記者会見の発言で締めくくられた。

『朝日新聞』の記事が「放送法抵触の可能性」を指摘したことに危機感を強めたNHKは、松本総務大臣に頼んで記者会見で「放送法に抵触するおそれはない」と発言してもらい、それをニュースで放送したのだろう。

翌三一日には『読売新聞』もこの問題を一面トップで大きく報道した。不正な支出を稟議で承認した前田執行部の瑕疵は明らかだが、この問題を新聞各紙が大きく取り上げる背景には、NHKがインターネット業務を「補完業務」から「必須業務（本来業務）」に格上げすることに激しく反発する新聞協会の思惑があるように思われた。

特命監査情報の流出

『朝日新聞』はさらに六月五日に「NHK　異例の特命監査　未認可事業に予算問題　現会長、指示し実施」という記事を掲載し、五月上旬に実施された特別監査の内容を詳しく伝えた。

聴取に対し、前田氏は「先行投資は必要であり、関係役員に説明するよう指示した」と話す一方、基準の変更が前提だったと述べたという。また、当時専務理事だった伊藤浩氏は「環境が整えば始めるための準備作業だった。（前田氏から）後ろめたさを持つ必要はないとのことだった」

などと語り、問題があるとは認識していなかったという趣旨を話したという。一方、他の理事は「(BS配信の) 実施が決まっていたのか不安もあった」「形式的な手続きだと軽視してしまったかもしれない」などと述べたが、稟議当時に不備を指摘した理事はいなかった。「前田氏と伊藤氏とのやりとりはブラックボックスだった」と語る理事もいたという。特命監査の結果、稟議が前田氏の意思決定を受けた伊藤氏主導で実行され、役員らが稟議書の記載を精査せず承認し、会長決裁に至ったと認定。「妥当な経営判断ではない」「ガバナンス上、非常に大きな問題」「一定の措置がないと違法性の疑いは免れない」などと結論づけたという。(中略) 前田氏は朝日新聞の取材に「認可されるか分からなくても、その前提で準備するのは当たり前」と説明。「指示はしていない。担当がやって (自分が) 承認した」と話している。

記事の内容から、特命監査の詳しい内容がNHK関係者によってリークされていることは明らかであり、特命監査の報告書そのものが朝日新聞の記者に渡っている可能性があった。このころ、前田会長によって抜擢された局長などの幹部たちが次々とその地位を追われていた。経営企画局長は名古屋放送局長に異動させられた。前田会長が熱心に取り組んだ人事制度改革を担った人事局長は、提出した人事制度の見直し案が不十分であると竹村範之専務理事に何度も厳しく叱責されたうえで解職された。NHKでの執行部の恐怖支配は相変わらずで、それを実行するのが伊藤前専務理事から竹村専務理事に代わっただけだった。

このころ、NHK内には、「担当する安保(やすほ)華子理事と同じ報道局ディレクター出身の内部監査室長が中心となってまとめられた特命監査の報告書が、上層部からの指示で書き直しを命じられた」という情報が流れていた。

二〇二三年六月二一日、NHKは「稟議事案に関する再発防止策の検討について」という文書を公表し、四人の大学教授・准教授・弁護士・公認会計士を会長直属アドバイザーとする専門委員会を設置し、再発防止策を検討することを明らかにした。

前田前会長の退職金を一〇%減額

二〇二三年七月一一日、NHKは『「インターネット活用業務に係る不適切な調達手続き』に関する責任の明確化について」という文書を公表し、前田前会長と稟議に関わった役員の責任を明らかにした。

それによれば、調達手続きに関わった当時の役員六人を稲葉会長が厳重注意し、退任した役員は在任当時の役員報酬の一部（正籬聡前副会長は一〇%を二カ月分、伊藤浩前専務理事が二〇%を二カ月分、児玉圭司前理事・技師長が一〇%を二カ月分）を自主返納し、現役員は役員報酬の一部（林理恵専務理事が一〇%を二カ月分、熊埜御堂朋子理事が一〇%を二カ月分、山内昌彦理事が一五%を二カ月分）をそれぞれ自主返納することとなったという。

私は、NHKで不祥事が発生した場合に、職員は懲戒処分を受けるのに、役員はいつも報酬の一部を自主返納するだけで済ませてきたことを不思議に感じていた。このとき明らかになったのは、NHKには役員の懲戒規程が存在せず、役員を懲戒処分にすることができないため、役員報酬の自主返納という形を取らざるを得ないという事実である。NHKは即刻、役員懲戒規程を作るべきである。

また、前田晃伸前会長については、受信料の値下げや営業改革などの功績と今回の事態を総合的に勘案して、退職金を一〇％減額することを一一日の経営委員会で賛成多数で議決したという。

社会部記者の不正経費請求問題で第三者委員会を設置

ＮＨＫ関係者によれば、「ＢＳ番組ネット配信予算計上問題」で揺れていた二〇二三年七月、ＮＨＫ内では「社会部記者を狙い撃ちにした内部調査が始まった」という情報が駆けめぐっていたという。

警視庁記者クラブ担当だった社会部記者が、私的な飲食の代金を取材と称して不正に請求していたことが内部通報によって明らかになり、リスクマネジメント室などが内部調査に乗り出したというのである。この内部調査によって、「自分もやられてしまうのではないか」という恐怖が記者たちの間に広まった。

この問題は九月二五日に開催されたＮＨＫ理事会で初めて報告されたことになっている。議事録（一〇月一三日公表）によれば、稲葉会長が、内部通報によって寄せられた「報道局の記者が不正な請求を行なっている」との情報をもとに調査したところ、私的な利用が含まれている疑いが濃いと判断するに至ったと報告。そして稲葉会長は、「アカウンタブルな経営を標榜している我々としては最大限の透明性を持って対応し、視聴者の信頼に応えたいと思います」と述べ、「弁護士等識者からなる第三者委員会の設置」「リスクマネジメント担当の安保〔華子〕理事を事務局長とする調査・検証・再発防止策定チーム」を組織し、調査・検証を行なうよう指示している。そして事実認定・法的評価については外部弁護士の判断で行ない、第三者委員会に報告可能なものにするように指示している。

それを受けて、報道を統括する中嶋太一理事が、「協会の経営は非常に厳しく難しい時に、報道の中枢の部署において、あってはならない公金の不正請求・不正利用ということが発生したことについてお詫び申し上げます。本当に申し訳ございません」と謝罪したとする。

二〇二三年一〇月二四日、ＮＨＫは「報道局の不正な経費請求に関する第三者委員会」を設置すると発表した。座長は弁護士の山川洋一郎氏、委員は東京大学大学院教授の宍戸常寿氏、公認会計士の佐藤保則氏（デロイトトーマツ所属）である。

二日後の一〇月二六日、ＮＨＫは不正経費請求を疑われていた社会部Ａ記者の懲戒免職処分を発表した。記者が弁護士を通じて退職を申し出たため、一二件、約三四万円の不正な経費請求を認定して処分を決定したという。

調査報告書の公表とＮＨＫ社会部の壊滅

「報道局職員の不正な経費請求に関する報告書」は、二〇二三年一二月一八日に公表された。

私は第三者委員会による「調査報告書」だと思っていたが、調査は第三者委員会の指導と助言を受けながら、ＮＨＫのリスクマネジメント室、人事局、報道局総務部、経理局、内部監査室の五つの部局の職員により構成されたチームが調査を行ない、この調査チームがまとめた「調査報告書」に第三者委員会がお墨付きを与えたという性格のものと判明した。日本弁護士連合会ガイドラインが定める第三者委員会による調査ではない。NHKの執行部は、外部の弁護士などが局内に入って直接調査することを嫌ったのだろう。新聞各紙や民放各局は「第三者委員会による調査報告書」と報道したが、正しくない。表紙に「第三者委員会事務局NHK調査チーム」という名称が記載されているための誤解だろうが、むしろNHKはそのように誤解してくれることを期待したのかもしれない。

最終的にNHKがA記者の経費請求のうち、不正と認定したのは四一〇件、約七八九万円に上った。記者は取材に際して、取材協力者との間で飲食をともなう「打合せ」を行なうことがある。この「打合せ」を実施する場合は、基本的に事前に「伺い伝票」を起票し、審査を経て実施決定を受ける必要がある。NHK報道局では一人一万円以下の決定者は各部長であり、一人一万円を超える場合の決定者は報道局長である。実施後の「立替払い処理」には基本的に明細表示がある「レシート」が必要だが、明細のない「手書きの領収書」も認められていた。現在はコーポレートカードの利用が推奨されている。しかし、社会部においては庶務担当の基幹職（管理職）が日常的に部長決定印を管理し、特別な場合を除き、その庶務担が自ら部長決定印を押していた。つまり、「伺い伝票」は内規上の決定者である社会部長のチェックを経ることなく、庶務担のチェックのみで経理担当者に回付される運用が恒常化していたのである。社会部では庶務担や担当デスクが「打合せ」を却下する例はほとんどなく、「承諾する」という返信もない場合が多かったという。

A記者はヒアリングの中で、「ごく一部の打合せについて同僚との飲み会を経費請求したことを認めた。また、チェックが厳しくなると考えていた報道局長決裁を免れるため、一人あたりの単価を一万円以下に下げようと、部外の参加者を水増しして請求したケースが複数回あったと説明した。さらに、店側への支払いが高額になったため、金額を分割し、複数回の手書き領収書を発行してもらい、それぞれの領収書を別々の打合せ経費としてNHKに請求したケースが複数あったと認めた」という。

調査チームはA記者以外にも同様な不正がないかという全数調査を行なったが、総合的な判断の結果、記者二名について、各一件の不正な処理をしたと判断しただけだったという。A記者の不正経費請求が四一〇件、約七八九万円にも上ったことを勘案すると、この全数調査の結果はとても信じることができない。「社会部潰し」に取り組んでいたNHKの幹部たちは、社会部のA記者だけをスケープゴートにして、それを理由に社会部の幹部たちを打倒できれば目的は達成されると判断したのだろう。

この「調査報告書」が公表された翌日の一二月一九日、NHKはこの問題に関連した職員の懲戒処分を発表した。その内容のあまりの厳しさに驚いた。現職の社会部長と前任者（報道局編集主幹）、前々任者（首都圏局長）の三人の社会部長が停職一カ月の懲戒処分を受け、現在の職を解かれた。また、社会部庶務担当の基幹職（管理職）五人が譴責の懲戒処分となった。こうして社会部は壊滅状態となった。

こうした職員の不祥事で、その職員が所属する部の部長が停職一カ月・解職などという厳しい処分を受けたという話は聞いたことがない。これまでの場合、部局長はせいぜい戒告か、重くても譴責であった。

NHK執行部がA記者にまつわる不正経費請求問題を契機として第三者委員会を設置してまで調査を実施したのは、社会部を壊滅状態に追い込み、二度とNHK執行部の主導権を握ろうなどと考えないようにしたかったのだろう。

そして、二日後の一二月二一日、内部監査室に所属していた三人の基幹職（管理職）に停職一カ月の懲戒処分を行なったことも明らかにされた。この処分は、BSネット配信予算計上問題をめぐって内部資料が朝日新聞や私にリークされてきたことと関係があるのだろう。

NHKの関係者は、「朝日新聞の記事をきっかけに内部調査が行なわれ、内部監査の資料が内部監査室から持ち出されていたことがわかった。その結果、内部監査室長（報道局ディレクター出身）がNHK放送文化研究所に副所長として異動となり、六〇代基幹職（経済部記者出身）と五〇代基幹職（番組制作局ディレクター出身）も内部監査室から異動させられた。さらに一二月に、BSネット配信予算計上問題が最初に取り上げられた臨時役員会（四月一九日）の文字起こしが『文藝春秋』電子版（一二月七日）に掲載されるに至り、さらに停職一カ月という厳しい処分が下されたようだ」と語った。

一月九日に開催された経営委員会で、人事・労務担当の竹村範之専務理事は、「今回は『情報の持ち出し』、あるいは『情報の私的利用』という確認できた事実に基づき処分を行いました。今後、情報の外部への流出が明らかになった場合は、改めてそのこととして審査を実行し、厳正な処分を行うこととしています」と、さらなる処分があり得ることを示唆している。

前田前会長の異例の抗議文

二〇二四年一月九日の『朝日新聞』デジタル版に、「NHK前会長がボールペンで記した異例の抗議文　現会長の反応は……」という記事が掲載された。前田晃伸前会長が「NHK経営計画案」に対する意見募集（パブコメ）に、四〇〇字詰め原稿用紙五枚にびっしり書き込んだ意見書を、受付窓口となっている経営委員会宛にレターパックで送ったというのである。『朝日新聞』には手書き原稿の写真も掲載されており、経営委員会事務局から持ち出されたものと思われた。記事によれば、前田氏は人事制度改革の方針転換を厳しく批判するとともに、「BS番組のネット配信を巡る問題」については、「冤罪デッチ上げ事件だ」と強い言葉で反発したという。

一月一七日の週刊文春電子版は、前田前会長が寄せた意見の全文を掲載した。

残念ながら、新体制となり、改革派の職員は、次々と姿を消す事態となりました。一月以降、経営改革は止まり、古い体制を維持する方向にカジを切ったことは、誠に残念であります。NHKは、永年縦割り組織できたため、内部抗争はDNA化しております。しかし、外部から来た経営トップが、内部抗争の一方に手を貸すことは、異常と思います。（中略）今年四月以降に起ったBSをめぐる放送法違反疑念事件は、『冤罪デッチ上げ事件』だと私は思います。改革派役員、幹部を左遷する為に、内部監査制度まで悪用したことは、許容範囲を逸脱しております。（中略）承認された予算の範囲で、新しいサービスの提供をする為の準備、先行投資をすることは、放送法でも何ら制約規制のあるものでもありません。経営判断で行えるのは当然です。そうでなければ、新しいサービスの提供は、常に時代遅れとなります。先行投資と、実際にサービスが提供されることを結びつけて、放送法違反のおそれがあるという指摘は、完全に間違いです。(中略)内部監査には、会長と言えども介入することは出来ません。今回、特命監査に、担当外の役員等が介入したことは、極めて異常な事態であります。制度を無力化したことは、深刻な問題です。制度の危機です。

週刊文春電子版には前田氏と記者との次のようなやり取りも掲載されている。

記者　パブコメを寄せた意図について伺いたい。

前田氏　(現体制は)やってることがめちゃくちゃ。問題をすり替えて、冤罪をデッチ上げた。問題ないことに火をつけて黒だということにして、改革反対派が改革派を全部すっ飛ばした。単純な話なのよ。

記者　改革派が下ろされた?

前田氏　人事異動見ればわかるじゃない。改革した正籬(聡)副会長とか伊藤(浩)専務理事とか全部、端っこにいっちゃってんだから。(中略)

記者　BSネット配信の費用は元々、何の予算?

前田氏　設備投資というのに入っている。例えば新しい放送を準備するために、必要なものがあればやればいい。放送法が改正されないと何もやっちゃいけないと言ったら、法改正からスタートまでに四～五年かかる。そんな馬鹿なことないじゃない。準備にお金を使っちゃいけないって無茶苦茶じゃないかって。完全にいちゃもんなのよ。

前田氏は稲葉会長が指示した「特命監査」の結果が、「稲葉執行部によって改ざんされた可能性がある」と指摘したという。

前田氏　僕は（改ざんが）あったと思うけどさ。内部監査室は会長の直轄で、誰も手を突っ込んじゃいけないわけよ。ただ稲葉氏は法学部じゃないから、わかんないんだよね。「NHKの法務部が放送法違反のおそれがあると言ってるから、内部監査もそのように書け」って言っちゃった。（監査結果を見て）判断する人が最初からこうやれって言ったら、アウトなわけよ。

記者　パブコメには「外部から来た経営トップが、内部抗争に手を貸している」と。

前田氏　その通りよ。はっきり言えば、社会部の人をみんなパージしたいわけよ。僕の時は、社会部の人が比較的できる人が多かったからたくさん使った。そういう人を全部すっ飛ばした。

記者　稲葉会長の意向で？

前田氏　稲葉じゃなくて、井上（現副会長の井上樹彦氏）と竹村（現専務理事の竹村範之氏）という戻ってきた役員が主犯です。（中略）（井上氏らが）やりたい放題やっても、自分（稲葉氏）

が丸投げしちゃってるから止められないわけよ。（稲葉氏は）もうちょっと謙虚に仕事した方がいいよ。素人なんだからね。部下のゴマスリに騙されちゃいけないんだよ。そういうのもわかってねえから、井上とか竹村とかにハイハイって言って、その通りになっちゃうわけよ。全部丸投げしちゃってる。

私は、NHKインターネット業務実施基準で認められていないBS番組のネット配信のために九億円の予算が計上されたことは問題であり、放送法違反と見なされる可能性があると思う。その一方で、この問題が前田会長時代に重用された幹部たちを一掃するために利用されたこともまた確かである。さらに、前田氏が主張するような「今回、特命監査に、担当外の役員等が介入した」というような介入があったとすれば、大問題である。

私は当初、朝日新聞への特命監査の情報のリークや、私への臨時役員会の議事録（文字起こし）の提供は、政治部による社会部潰しに抵抗する動きではないかと認識していた。しかし、取材を進めると、NHK内部に「担当理事と内部監査室長が中心となってまとめた特命監査報告書が、上層部からの指示で書き直させられた」という情報が流れていたこと、内部監査資料の持ち出しに関与したとして処分された元内部監査室の三人の職員は社会部関係者ではないことがわかった。だとすれば、単なる内部抗争が原因ではないだろう。この内部監査室三人の懲戒処分について、NHKはかたくなに具体的な説明を拒んでいるので断定はできないが、前田前会長が指摘するような特命監査への役員等からの介入が実際にあり、彼らは介入により特命監査が歪められてしまったことに抗議して、覚悟のリーク（告発）をした可能性がある（ただし、元内部監査室長は規程違反を否定している）。

いずれにしても、この問題は週刊誌だけでなく、新聞各紙でも大きく報道され、NHKのネット事業の「必須業務化」に反対する新聞協会に、NHKを批判する格好の材料を与え、総務省の姿勢も硬化させてしまった。

その結果、NHKは新聞協会の批判をかわすために、ネットでの文字ニュースからの撤退を受け入れざるを得なくなった。

さらにその後、二〇二四年の通常国会に放送法改正案が提出され、総務大臣は学識経験者や民放、新聞社などから意見も聴き、NHKの業務規程の内容が、①国民・視聴者の要望を満たすもの、②国民・視聴者の生命や身体の安全を確保するもの、③民放や新聞のネット配信等との公正な競争の確保に支障が生じないもの、という三つの基準に適合しない場合にはNHKに変更の勧告や命令することができるという、NHKにとって大変厳しい内容が盛り込まれてしまった。

もし、現執行部が内部抗争のためにこのネット配信予算計上問題を利用したのであれば、それが結果としてNHK自身の首を絞める結果になったといえる。現執行部の責任はまことに重大である。

稲葉執行部になってからも、NHKの隠蔽体質はまったく改善されていない。NHKと旧ジャニーズ事務所との問題などに関しても、NHKのインターネット活用業務を「必須業務」とする放送法改正が国会で成立するまで、NHKは蓋をしてやり過ごそうとしている。それは、インターネット常時同時配信を可能とする放送法改正を実現するために、日本郵政三社からの圧力に屈し、「かんぽ生命保険不正販売問題」を取り上げた番組の放送を中止した事件と、ほぼ同様の事態である。

首相官邸によって指名された会長と、与党幹部の推薦によって任命された副会長のもとでは、そうした権力者のほうばかりを見て、視聴者・市民を無視した経営が続くだろう。

私たちは、どうすれば公共放送NHKを、本来のオーナーである視聴者・市民の手に取り戻すことができるのか、真剣に考えていかなければならない。

おわりに

私が尊敬するNHKの元上司は、「NHKを立て直すのはもう無理でしょう」と言う。NHKの惨状を見ていると、私もそうかもしれないと思うこともある。

しかし、私はまだNHKを諦めることができない。何とか立ち直ってほしいと願っている。それは、私がNHKで二十数年間働いたというだけではなく、子どもの時からNHKの番組に育てられたという思いがあるからである。

私は根っからのテレビっ子として育った。物心がついた時の最初の記憶は「ぬいぐるみ人形劇ブーフーウー」だった。小学校の教員をしていた父親は、夜の七時には必ずNHKニュースを見るような人で、日曜日の夜は必ず家族が揃って大河ドラマを見た。そうした父親につきあって小学生の私は「NHK海外特派員報告」や「70年代われらの世界」を見て世界のことを知った。教育テレビの番組では「はたらくおじさん」が大好きだった。NHKのテレビ番組は私にとっていろいろなことを教えてくれる先生であり、社会や世界に開かれた窓であった。

私が高校三年生の四月にNHK特集「シルクロード」の放送が始まった。喜多郎の音楽と石坂浩二のナレーションに乗って伝えられる中国の歴史と西域の文化や風俗に、すっかり魅了されてしまった。そして中国に留学したい、北京大学で学んでみたいと切望するようになった。私は自宅から一番近い国立大学である東京学芸大学教育学部に入学し、二年生の時に中国に留学した。そして、北京語言学院で半年間、中国語を学んだ後、念願の北京大学歴史系（学部）に移った。

留学していた二年間、とにかく中国各地を旅した。当時、外国人にはまだ未解放だったチベット自治区を除く、すべての省・自治区に足を踏み入れた。

帰国した私が東京学芸大学の四年生になった時、NHK特集「ドキュメント昭和」が放送され、その内容に衝撃を受けた。大学院進学を考えていた私は、その一方で「こんな現代史の番組を作る仕事がしてみたい!」と考えるようになった。

しかし、当時のNHKへの就職は難関で、あまり現実味がないように思われた。私は大学院の試験に合格し、記念受験のつもりでNHKの採用試験を受けた。ところが予想外にNHKから内定をもらってしまった。大学の指導教官に相談すると、「大学院にはいつでも戻ればよいから、とりあえずNHKに行ってみたら」とのことで、私は思いがけず就職することになった。

一九八七年四月、私の同期としてNHKに入局したディレクター(PD)は約八〇人だった。一カ月間の研修期間を経て、私は渋谷の放送センターの番組制作局教養番組センター社会教養部に配属された。全員が地方の放送局に行くものと思っていたが、二〇人ほどが放送センターに配属されたのだ。要は、当時の地方局の新人ディレクターの受け入れのキャパシティーは約六〇人しかなく、約二〇人があぶれたのである。

私はいきなり八月の終戦特集「海山十題　戦闘機を買った名画」という番組のアシスタント・ディレクターをさせられた。新人時代に二カ月半にわたって特集番組の取材・ロケ・編集を経験することができたことは非常に幸運だった。

その後、「土曜倶楽部」という若者向け番組を担当したが、やはり「現代史の番組を作る仕事がしたい」と思っていた。私は現代史の番組を提案しようと、一九八九年四月に休暇を取って、人民解放軍による「太原解放四〇周年」の記念式典にあわせて中国山西省を行く日本人訪中団に同行して中国に行った。山西省では終戦時に三〇〇〇人を超える日本兵が残留し、国民党軍（閻錫山軍）に組み込まれて国共内戦を戦った。多くが戦死するとともに、生き残った人々は戦犯として中国に抑留され、その後で裁判を受けることとなった。帰国後、彼らは自らの意志で残留したとされ、日本政府から何の保障も支援も受けられなかった。しかし、実際には部隊ごと残留させられた人も多く、「自らの意志で残留した」というのは事実ではなかった。私は知られざるこの人たちの過酷な運命と、無念な思いを番組にしたいと思っていた。

太原に滞在後、臨汾という地方都市にいた四月一八日、宿舎（招待所）に戻ると日本から電話があったと伝言が残されていた。電話をしようとしたが、その宿舎からは国際電話がかけられないとのこと。やむなくNHK北京支局に電話をすると、園田矢（ただし）支局長から「今、北京で学生がデモをしていて、緊急のNHKスペシャルを作ることになった、すぐに北京に戻ってきて！」と言われた。私は訪中団から離れて夜行列車で北京に戻り、四月一九日から五月五日まで、大﨑雄二特派員らとともに、北京大学などの学生たちを取材し、五月七日にNHKスペシャル「中国学生は主張する」を放送した。中国を取材・撮影したNHKスペシャルの中で、唯一、中国当局の許可を一切得ずに制作された番組だと思う。その後、しばらく私は報道センターに入り浸り、北京の民主化運動に関する番組やニュースを手伝った。この時、報道局の人たちと一緒に仕事をした経験は、私にとって大きな糧となった。

一九九〇年五月にNHKスペシャル「朝鮮戦争　冷戦の悲劇38度線」の取材・ロケでアメリカにいる時、現地の中国語新聞に、「張学良氏の九〇歳の誕生パーティーが、六月一日に円山大飯店で開かれる」という記事が載った。

張作霖の息子である張学良氏は、満洲事変で故郷の東北を追われた後、一九三六年に西安事件を起こし、蔣介石を監禁して「内戦停止・一致抗日」を迫り、第二次国共合作のきっかけを作った人物である。しかし、その後半世紀にわたって蔣介石によって軟禁され、歴史の表舞台から姿を消していた人物である。帰国後、上司の井上隆史チーフ・プロデューサーに相談すると、「情報の真偽はわからないが、とにかく台湾に一人で出張し、もしパーティーが開かれるならば、現地でクルーを雇って撮影すればよい」とのことだった。果たしてパーティーは開かれ、会場で張学良氏の側近という人物と出会い、その後、張学良氏への手紙を託すことができた。「日中の歴史について、日本の若者に語ってほしい」という趣旨の文面だった。すると張学良氏から「取材に応じてもよい」という返事が届き、六月と八月に張学良氏への長時間のインタビューが実現した。そして一二月、NHKスペシャル「張学良がいま語る　日中戦争への道」を放送することができた。

その後も私は、現代史スクープドキュメント「孫文亡命993日の記録　発見された盟約書」（一九九一年三月）、NHKスペシャル「御前会議　太平洋戦争開戦はこうして決められた」（一九九一年八月）、現代史スクープドキュメント「731細菌戦部隊」（前・後編、一九九二年四月）、NHKスペシャル「周恩来の選択　日中国交正常化はこうして実現した」（一九九二年九月）、NHKスペシャル「毛沢東とその時代」（前・後編、一九九三年一二月）など、現代史の番組制作に次々と携わることができた。

その後、一九九五年から四年間、大阪放送局文化部で勤務し、歴史番組のデスクとなり、NHKスペシャルの大型シリーズ「街道をゆく　第五回　長州・肥薩の道」をディレクターとして制作した。東京に戻ってからはETV特集班のデスクとなり、NHKスペシャルの大型シリーズ「四大文明」「日本人はるかな旅」「文明の道」のデスクを兼務した。さらにテレビ50年プロジェクトのデスク（後にCP）として、さまざまな特集番組やイベントに携わった。まことに恵まれた幸せなNHK人生だと言えるだろう。だから、裁判の進行の関係で二〇〇四年一二月にETV2001番組改変事件を内部通報せざるをえなくなった時、「まだ番組制作に携わりたい」と煩悶したことも事実である。

私がNHKで出会った番組制作の仲間たちは実に優秀で、人格的にも素晴らしい人たちであった。ディレクター・記者・アナウンサー・カメラマン・技術・美術などのスタッフは、みな良い番組を作ろうと懸命に仕事に打ち込んでいた。今でもそうした仲間たちが素晴らしい番組を作ると本当に嬉しくなる。

ＮＨＫは実に多くの良い番組を制作し放送している。特にドキュメンタリーや調査報道番組は民放の追随を許さない。また、教育・福祉などの商業ベースに乗らない番組は、公共放送にしか制作・放送できないだろう。私はこうしたＮＨＫの放送文化は日本社会の財産であり、なんとしても存続してほしいと切望している。日本社会に公共放送は絶対に必要であるとも思っている。

その一方で、放送の自主自律を堅持することができず、政権に迎合した政府広報のようなニュースや番組を平然と放送してしまうＮＨＫのあり方には危険性も感じている。かつて日本放送協会のラジオ放送が、政府や軍のプロパガンダを垂れ流し、国民を悲惨な戦争に駆り立ててしまったようなことは二度と絶対に起こさないと確信することができない。

要は、いくら良い番組をたくさん放送しても、政治権力からの自主自律を堅持できないのであれば、公共放送を名乗る資格はないのである。

二〇〇五年一月に私がＥＴＶ２００１番組改変事件について内部告発したのは、ＮＨＫの人たちに「政治との距離」を保つことの重要性を理解し、それを実現するための方法を真剣に模索してほしいと願ったからだ。

いま振り返ると、あの時がＮＨＫにとっての分岐点であったように思う。

あれから約二〇年、ＮＨＫがこの問題に真剣に向き合わず、政治との距離を保つ仕組みを構築するために真剣な努力をしてこなかったことが、今日の惨憺たる状況を作り出してしまったと思う。

それでも私はまだNHKを諦めてはいない。何とか立ち直って、公共放送としてのあるべき姿を取り戻してほしいと願っている。

しかし、それはNHKで働く人々が努力するだけでは達成できないかもしれない。NHKには、制度的に「政治との距離」を保つことが難しい事情があるからだ。予算案や事業計画案は国会承認が必要であり、NHKの最高意思決定機関である経営委員会の委員は、国会の同意を得て内閣総理大臣が任命することになっている。本来は民主的な合議体である経営委員会の委員は、放送法の規定が曖昧なために、安倍政権のような合意形成を尊重しない政治勢力が登場し、国会での多数決で決めるということになれば、どのような恣意的な任命も可能になってしまう。その経営委員会が指名する会長の権限は絶大であり、経営委員会を政権が支配すれば会長人事を思うままにし、その会長が指名する理事たちを通じて、放送現場にも影響力を行使できることになってしまうことは、本書で繰り返し述べてきたとおりだ。

こうした事態が起こらないように、NHK経営委員会や国の3条委員会の委員の任命については、野党も合意できる人物を選ぶ仕組み作り（法整備）が必要だろう。

そして、政治権力にしっかりと対峙することができない日本のテレビの現状を見るとき、放送行政を政府の一省庁である総務省が管轄していることの弊害も看過することはできない。

放送行政を政府が監理する制度をとっている国は、先進七カ国の中では日本だけである。どこの国も独立した規制機関が存在している。アメリカのFCC（連邦通信委員会）やイギリスのOFCOM（通信庁）が有名だが、民主化が進んだ韓国や台湾にも独立した委員会が存在する。

日本でも一日も早く独立行政委員会制度に移行する必要があるだろう。

テレビ局は報道機関であり、権力を監視する役割が期待されている。そのテレビ局が政治権力に監視され、統制されているという矛盾を解決することは、日本の民主主義の未来のために喫緊の課題と言えるだろう。

本書が、そうした、明日のあるべきテレビを作っていこうと努力している方々にとって参考になるものであれば、幸いである。

二〇二四年三月一七日

長井暁

長井暁（ながい・さとる）
ジャーナリスト。元NHKチーフ・プロデューサー。1987年、NHK入局。ディレクターとしてNHKスペシャル「朝鮮戦争」「張学良がいま語る」「周恩来の選択」「毛沢東とその時代」、デスクとして「街道をゆく」「四大文明」等の制作に携わる。2005年、ETV2001「戦争をどう裁くか」の政治圧力による改変を告発。2009年にNHK退職後は東京大学大学院などで教鞭をとりながら、メディア問題について発言。

NHKは誰のものか

2024年4月23日──初版第1刷発行

著者……………………長井　暁（ながい さとる）

発行者………………熊谷伸一郎

発行所………………地平社
〒101−0051
東京都千代田区神田神保町1丁目32番 白石ビル2階
電話：03−6260−5480（代）
FAX：03−6260−5482
www.chiheisha.co.jp

デザイン……………赤崎正一

印刷製本……………中央精版印刷

ISBN978-4-911256-03-9 C0036

地平社　乱丁・落丁本はお取りかえします。